ヤマケイ文庫

野鳥の名前

名前の由来と語源

Abe Naoya
文=安部直哉

Kanouchi Takuya
写真=叶内拓哉

Yamakei Library

はじめに（初版より）

親しい鳥友、叶内拓哉氏から「野鳥の名前」の本を作ろうと誘いがあったのは、何年も前のこと。幸い、山溪名前図鑑の一冊として出すことになった。私は鳥類研究者、観察者である。一般の野鳥愛好者、観察者などとのお付き合いの経験から、標準和名の意味、由来、語源だけでなく、よく使われている漢字名、漢字表記にもふれた。さらに、英語名や学名に興味をもっている人も意外に多いので、適宜に解説した。

私は国語学、言語学などの専門家ではないので、これらの専門家なら省略するかもしれない出典や記述の根拠をなるべく示した。和名の意味、語源が難解なもの、あるいは、これまでの説が納得できないものなどについては、できる限り私見を述べた。鳥類研究者、観察者としての見解が、国語学、言語学に関わる私の不足にまさっていればと願っている。

各種の形態、羽色、生態、分布、鳴き声などについて詳しくは、山溪ハンディ図鑑7『新版日本の野鳥』（叶内、安部、上田、共著）を参照されたい。

謝辞　図書利用について天理大学附属天理図書館、天理市立図書館、奈良県立図書情報館にお世話になり、ありがとうございました。編集作業に苦心された江種雅行氏にお礼申し上げます。原稿執筆に協力してくれた旧友、梅棹開門氏に深謝します。

安部直哉

私は講演会などで「鳥の名前」の話をする機会もよくあり、これが案外ウケルので、実は、これまでも語源の本などで結構勉強はしていた。しかし、語源の解説かと思いきや、ただ単に種名が記載されているだけだったり、語源とされる内容にイマイチ納得できないような本が多くて、かなりの物足りなさをずっと感じていた。

そして6年前に『野草の名前』が出版され、その1年後に、『野鳥の名前』出版のお話をいただいた。私は二つ返事でお受けし、早速話した鳥友の安部直哉氏も、速答で快諾。安部さんが執筆してくださるのなら百人力だと、出版が本当に楽しみだった。

鳥の名前の語源が全て明らかになっているわけではないが、安部さんの私見も交えた見解をうかがうたびに、この内容が1冊にまとまればいいのにと常日頃より願っていたのだ。紆余曲折はあったが、それが、こうしてようやく実現したのである。

安部さんの私見には私も大賛成で、大いに納得し、「目から鱗」だったところも多く、楽しい本になり、嬉しかった。読者に愛される、息の長い本になると自信がわいているところである。最後に、編集の江種雅行・山田智子両氏、また、全国の鳥友と日本の野鳥たちに心よりお礼申し上げる。ありがとうございました。

叶内拓哉

用語解説

【留鳥《りゅうちょう》】日本全体でみれば、一年中見られる鳥（種）のこと。いわゆる渡り鳥ではない。留鳥に分類されている鳥（種）は日本で繁殖している。留鳥にしろ渡り鳥にしろ、北半球の中緯度に位置する日本に分布（棲息）する鳥（種）は、春から夏の終わりまでが繁殖期である。

　ただし例外もあり、アホウドリやカワウの一部のように、繁殖期が右記の時期とは異なる種もある。フルマカモメはほぼ1年中、本州北部以北の海域に見られるが、日本では繁殖していない。

【漂鳥《ひょうちょう》】留鳥といわれている鳥のうち、たとえばウグイスやメジロのように、繁殖地と越冬地の間を季節的に移動する鳥（種）。このような移動をする鳥（種）はほかにも多数あり、その実態が明らかでないから、この本では、この用語は使っていない。

【夏鳥《なつどり》】ツバメのように、春になれば南方の越冬地から渡って来て日本で繁殖し、秋には越冬地に渡って行く鳥（種）。以下、（種）は略した。

【冬鳥《ふゆどり》】ハクチョウ類のように、日本より北方で繁殖し、繁殖を終えて秋になれば、寒さを避けて日本に渡って来て冬を越し、春になれば北方の繁殖地域に渡る鳥。

【迷鳥《めいちょう》】その種の通常の棲息（分布）地域から外れた地域に、「迷って来た」かのような鳥のこと。迷鳥か否かの判断が難しい事例は少なくない。

【旅鳥《たびどり》】多くのシギ類のように、日本より北方にある繁殖地域と日本より南方にある越冬地域の間を渡る（春は北上、秋は南下）途中に日本に立ち寄る鳥。ただし、少数の例外があり、ハシボソミズナギドリのように、オーストラリアやタスマニアで繁殖して、繁殖後に北太平洋に向かって北上する海鳥もいる。

しかし、日本に分布する渡り性の大部分の鳥の移動方向、繁殖地域と越冬地域の位置は右記のとおりです。ここで少し詳しく述べたのは、一般の人には、このことが意外に理解されていないと思われたからです。たとえば、鶴の越冬地、鹿児島県・出水には鶴の渡りを詠む人が多数訪れます。そして、『連句・俳句季語辞典、十七季』（２００１年初版の第三版、三省堂）には次のような記述があります。原文のまま記します。「つるわたる『鶴渡る』［初冬・動物］冬、鶴が群れをなして北方から営巣地へ渡ってくる。」この解説は誤りです。営巣地とは、巣をつくり繁殖する地域ですから。ナベヅル、マナヅルなど秋に日本に渡って来る鶴は、北方の繁殖地から日本に来て越冬しているのです。

【羽衣《うい》】 鳥の体の各部分の羽毛に関する用語ではなく、鳥が身につけている全体的な羽毛、羽色のこと。次のように使う。たとえば、「セグロカモメとオオセグロカモメの羽衣は似ているが、背面の羽色はオオセグロカモメの方が濃い灰色である」、「カモ類の大部分の種では、雌の羽衣は褐色の地味なものであり、雄の羽衣は多彩である」。

【夏羽（繁殖羽）と冬羽（非繁殖羽）】 たとえば、メジロでは繁殖期も非繁殖期も同じ羽衣であるが、ユリカモメのように繁殖期と非繁殖期の羽衣が明らかに異なっている種については、これらを区別して夏羽（なつばね、なつう）、冬羽（ふゆばね、ふゆう）という。

【婚姻色《こんいんしょく》】 繁殖に伴い、嘴、目先の皮膚、脚、足の指などの色に表れる特異な色。およそ、番《つが》い形成期から繁殖期の前半期まで見られる。たとえば、コサギの足の指は、非繁殖期には黄色であるが、上述の期間には桃色になる。これを婚姻色という。

◉一般的な日本語の語句、漢字などについて

【国字】 もともと中国で生まれた漢字ではなく、日本で作られた漢字。たとえば、ツグミを表す中国の漢字は鶇。鶫は国字。シギの鷸は中国の漢字。鴫は国字。

【音】 もともと中国で生まれた漢字の読み（字音）。時代により読みが異なる例が多い。多くは「漢読み」（漢時代の読み）。これ以外に、呉読み（呉時代の読み）ほかがある。たとえば、鷹の漢音はヨウ、呉音はオウ。山の漢音はサン、呉音はセン（詳しくは、専門書を参照）。

【訓】 漢字の意味に当てた、日本語での読み。鳥の音はチョウ、訓はトリ。烏の漢音はオ、呉音はウ、訓はカラス。ただし、日本での読み「国訓」には、その漢字の本来の意味とは異なるものがある。たとえば、漢字「鳧」は野生のカモ類のことであるが、国訓ではケリのこと。漢字「鵜」はペリカン類であるが、国訓ではウ。

【略】 日常用語の、前略（上略）、中略、後略、下略と同じ。たとえば、種和名のウミネコは、ウミネコ（海猫）カモメ（鷗）の後略、下略、つまり略。タンチョウはタンチョウヅル（丹頂鶴）の略。

【転訛《てんか》】 言葉の形、音が発音の便宜上、もとの言葉と異なるものになること。広義では、左記の音便も含まれる。

【音便《おんびん》】 単語、文節の連接する一部の語が、発音の便宜上、別の音に変わること。狭義では、い音便、う音便、撥音便、促音便のこと（詳しくは、国語辞典を参照）。

【転音】 二つの語が連なる複合語の上の語の音が変わること。たとえば、雨燕は、アメツバメではなく、アマツバメ。白鷺はシラサギ。

◉和名、英名、学名について

【種の和名】 各鳥（種）の見

出しの1行目に記してある。片仮名で表記されている名前が標準和名。日本に分布する鳥類の種の和名は、日本鳥学会が定めたもの。標準和名という。

種のほか、属、科、目の和名も標準和名が定められている。学術論文、報告、自然科学系の図書などでは、片仮名で表記する。

日本に分布する（記録のある）鳥（種）だけでなく、世界の鳥類全種に片仮名の和名がつけられ、山階芳麿『世界鳥類和名辞典』（一九八五年）に収録されている。

【種の英名】イギリスの鳥類学会、鳥類学者協会などが定めている、英語の名前。イギリスだけでなく、英語をよく使う国でも、この名前を用いることがある。

【学名】鳥の種の学名は『国際動物命名規約』に基づいて命名された世界共通の名前。

ラテン語で表記され、ラテン語以外の語はラテン語化して表記されている。種の学名は属名と種小名からなる二名式命名法の規準で表記される。最初に記されているのが属名、そのあとに記されているのが種小名。属名は名詞、頭文字は必ず大文字。種小名の大部分は属名にかかる形容詞か名詞である。現在の規準では、種小名は必ず小文字で記す（詳しくは、『国際動物命名規約』を参照）。

種小名の次に記されているのは、亜種の学名である。

ラテン語は、西暦紀元約２００年頃（古代ローマ時代）から現在までヨーロッパ圏で使われている言語（詳しくは、専門書を参照）。

◉日本に分布する鳥（種）の漢字表記名

各種の見出しの項で、和名の次に記してある。この漢字表記名は、①何かの規準で定められた名前ではない。②種によっては、複数の名前があるが、以前からよく使われてきたものを記した。③たとえばカケスのように、和名の字音をそのまま写した当て字名「懸巣」（この名は語源としては不適）と語源として適している「カシドリ、樫鳥」のふたつの漢字表記名がある例もある。④セキレイのように、中国の漢字名「鶺鴒」がそのまま使われている例。ウ「鵜」やケリ「鳧」のように、中国の漢字が使われているが、本来の字義と異なる例もある。⑤以前からその字が用いられているが、今ではほとんど使われず、それに代わる表記がない例もある。

　この本で用いた日本の鳥の漢字名、漢字表記は、約50年前には研究者、愛好者の間に定着していると思われるものを選んだ。その多くは、黒田長禮『鳥類原色大図鑑』全三巻（一九三三〜三四年、東京修教社書院）によった。

　なお、内田清之助『新編日本鳥類図説』（一九四九年、創元社）、清棲幸保『日本鳥類大図鑑』全三巻（一九五二年、講談社）、これら二大冊子には漢字名、表記は載っていない。

コラム目次

＊本書は二〇〇八年十月に発行した『山溪名前図鑑 野鳥の名前』を文庫化したものです。文庫化にあたっては、一部の文章や写真を差し替えるなど、再編集をしています。

＊本書で掲載している写真は基本的に成鳥のものですが、幼鳥や若鳥を掲載している場合は写真説明文中にそれを示しました。

＊写真説明文は叶内が執筆し、安部が撮影のものは、写真説明文の最後にそれを示しました。

＊この本で示した和名、英名、学名は二〇一二年発行の日本鳥学会『日本鳥類目録』改定第7版に準拠しました。

アオアシシギの夏羽。
肩羽にはっきりした黒
線が見られる

アオアシシギ

青脚鷸

英名：Common Greenshank

学名：*Tringa nebularia*

科属：シギ科クサシギ属

全長：32cm

時期：旅鳥

嘴は上に少し反っている

アオアシシギの幼鳥。頭部から背の上面は白く、黒褐色の縦斑が密にある。背は白く、肩羽の一部は黒くて白い羽縁がある

**青は古語で「緑」のこと。
青葉も青カビも緑色、信号機の青も緑色。
脚が「青い」から「青脚鷸」。**

アオアシシギの名は、文字どおり「脚の青いシギ」という意味。このシギを見て、「アオアシシギの脚は名前と異なり、青くない」と言う人がいる。この人たちは青といえば、ブルー(blue)に等しいか、それに近い色を思いおこしているのだろう。アオアシシギの脚はブルーではなく、灰色味のある緑色あるいはオリーブ色を帯びた緑色である。

この青は、青葉若葉、青梅などの青と同じ緑色。『岩波古語辞典』によれば、青色とは染色や襲《かさね》などの色目《いろめ》の名。青・緑・麹塵《きくじん》・山鳩色などの総称。麹塵とは麹《こうじ》に生える淡黄緑色のカビの色、山鳩色は

夏羽から冬羽に移行中の成鳥と幼鳥の群れ

アオバトの緑色のこと。

　英名はCommon Greenshank。shankとは、ヒトの脚でいえば膝《ひざ》と足首の間、つまり、脛《すね》のこと。なお、簡略に記すと、鳥類の脚に見える部分の各骨とヒトの脚の各骨の関係はかなり異なっている。その詳細は省略するが、たとえば、足首の上部にある屈折部の曲がる向きは、鳥では人の逆方向である。一般に鳥類では膝の関節部（膝頭）と腿部は体の皮膚と羽毛に隠れていて、外からは見えない。

　外に出ている脛の一部から趾《し》（足の指）までの全体を、日本語では鳥類の脚といっている。

上面の青灰色が際立って見られる

アオサギ

蒼鷺

英名：Grey Heron

学名：*Ardea cinerea*

科属：サギ科アオサギ属

全長：93cm

時期：留鳥

額から頭頂は白く、目の上から後頭にかけて黒い帯があり、後頭の羽は長い冠羽になる

翼や背面の羽の色が、灰色を帯びた青色なので「蒼鷺」。

中国名も蒼鷺。蒼の色には、大別すると①蒼嶺（青々とした山）、鬱蒼《うっそう》（多数の樹木がこんもり、青々と茂っているさま）などの深く濃い青色と、②蒼白《そうはく》（青白いさま）、蒼顔（老いて衰えた顔色）のように鮮やかではない青い色とがある。アオサギの蒼は後者の色で、背面の灰白色を帯びた青色の羽色による。英名はGrey Heron（灰色の鷺）。

なお、オオタカの漢字名は中国、日本とも蒼鷹。この蒼も灰色味のある色である。

本種と思われる鷺は白い鷺と区別され、奈良時代の『風土記』の逸文「常陸国」に蒼鷺として載っている。『和名《わみょう》

アオサギの群れ。上面のツートーンカラーが目立つ

抄《しょう》』には、蒼鷺は「鷺の一種、美止佐木（みとさぎ）、水湖の間に棲息」とある。このことから、みとさぎの語源について『東《とう》雅《が》』では「水門のさぎ」としている。

つまり、川や湖の水辺、河口部などに生息する鷺である。「みとさぎ」という名はかつて普通に使われていたようで、小川三紀編『日本鳥類リスト』（1908）でも、「あおさぎ」の名と併記されている。

属名*Ardea*は、ラテン語ardeaすなわちサギ。種小名*cinerea*はラテン語cinereus（灰色の）。リンネが命名。アオサギはユーラシアとアフリカに広く分布している。

アオジの夏羽雄。夏羽では目先の黒が目立ち、腹部の黄色が濃い

アオジ

青鵐

英名：Black-faced Bunting

学名：*Emberiza spodocephala*

科属：ホオジロ科ホオジロ属

全長：16cm

時期：留鳥

アオジもクロジも姿がかわいらしいので、親愛の情を込めて「児」とつけられたのだろう。

アオジの漢字名は青鵐または蒿鵐。鵐は巫と鳥を合わせた国字で、「しとど」と読む。青はアオアシシギの項（10頁）に記した緑の意。蒿は「よもぎ餅」にするヨモギの色のこと。

「しとど」はホオジロ類の古称。すなわちアオジの漢字名は「緑色のしとど」の意。「しとど」の語源については150頁に解説した。

アオジのジは鳥を表す接尾語といわれている。私の考えでは、ジは、メジロの別名「繡眼児」と同じ児であり、小鳥に対する親しみを込めた呼称だろう。

シマアオジ（*E. aureola*）

アオジの雄と雌。雄の頭部は灰黄緑色で、目先は黒く、目の上後方に細い黄色の側頭線がある。上面は淡い茶色で、黒褐色の縦斑がある

シマアオジ

シマアオジの雄。額から顔、喉は黒く、頭頂からの上面は茶褐色である

の漢字名は島青鵐。「島」はシマフクロウの項（154頁）にも記したように「特定の、限られた地域」の意。青森で繁殖したこともあるが、主に北海道で繁殖する夏鳥。それで「シマに棲息するアオジ類の1種」と命名。

　この鳥の北海道への渡来と越冬地への渡去の主なコースは日本列島を通過するのではなく、北海道西部と中国の東部を結ぶようなので、渡りの途中の個体が本州以南で見られることはきわめて稀である。

　理由はまったく不明であるが、本種は北海道に局地的に繁殖している。

　本種は数十年前に比較して、近年渡来数がかなり減少している。

アオバズクの成鳥(左)と幼鳥(右)

アオバズク

青葉木兎(菟)

英名：Brown Hawk-Owl

学名：*Ninox scutulata*

科属：フクロウ科アオバズク属

全長：29cm

時期：夏鳥

ア

**羽角《うかく》のあるフクロウ類を
ウサギに見立てて「木兎」という。
この鳥に羽角はないがズクの類で、
青葉のころに現れるから
「青葉木兎」。**

アオバズクは大部分が夏鳥。落葉樹の葉が芽生え、青葉若葉の季節に渡来するので「青葉ズク」と命名。

ズクはフクロウ類の一部を指す名称。漢字では一般には木兎と記す。兎(うさぎ)は俗字で、兎が本字。この字にクサ冠をつけた菟も使われている。『和名抄《わみょうしょう》』には「『爾雅《じが》』の注にいう「木兎」のこと。和名は都久あるいは美美都久。鴟に似ていて小さく、頭には兎のように毛角がある」とあるから、「木兎」は古い漢語である。ウサギには長い耳があり、耳のように見える羽角《うかく》のあるフクロウ類をウサギに見立てて、『本朝食鑑《ほんちょうしょっかん》』で触れられているように、「木に棲む兎」すなわち「木兎」であろう。ズクは、「耳の付いている」の付、あるいは「耳が突き出ている」の突によるなら、ズクは「ミミ」を略したものであろう。

アカエリヒレアシシギ

赤襟鰭足鷸

英名：Red-necked Phalarope

学名：*Phalaropus lobatus*

科属：シギ科ヒレアシシギ属

全長：18cm

時期：旅鳥

アカエリヒレアシシギの夏羽雌。首の部分が赤褐色

ハイイロヒレアシシギの冬羽

ハイイロヒレアシシギは冬羽が美しい灰白色。冬羽の特徴が名前になるのは、とてもめずらしい。

赤襟は、繁殖羽の雌の頸《くび》まわりの赤褐色の羽毛を襟に見立てたもの。また、前に向いた3趾《し》(足の指)の基部に膜があり、さらにオオバンの弁足のような小さな弁があるので鰭足《ひれあし》という。

ハイイロヒレアシシギ（灰色鰭足鷸、*P. fulicarius*）という和名は、鳥の標準和名としては異例で、非繁殖羽の特徴による。両種とも繁殖羽の雌は雄よりもやや鮮やか。ハイイロヒレアシシギのほうがアカエリヒレアシシギよりも鮮やかで、頸部から胸腹部が濃い赤褐色。非繁殖羽は両種とも全体的に灰色だが、前者のほうが、体の上面が明るい灰色で、頸から胸腹部は純白。両種とも特異な足を使って水面に浮き、軽快に泳げる。両種とも北極圏の沿岸湿地で繁殖。非繁殖期は南半球の海域で越冬。

アカゲラ

赤啄木鳥

英名：Great Spotted Woodpecker

学名：*Dendrocopos major*

科属：キツツキ科アカゲラ属

全長：24cm

時期：留鳥

アカゲラの雄。後頭部には赤い斑がある

頭に赤色部があるキツツキ類なので「赤啄木鳥」か。頭部の赤色斑は雄だけの特徴。

アカゲラのゲラはキツツキ類の総称である「ケラ」の濁ったもの。100頁参照。

漢字名は赤啄木鳥、「赤いキツツキ」。この赤は、雄の成鳥だけにある、後頭部の鮮やかな赤色部による。なお、雌の後頭部には赤色部はなく、黒い。雄の頭部の赤色部の位置や大きさは、アカゲラ、オオアカゲラ、コアカゲラ、それぞれ種による相異がある。アカゲラとオオアカゲラでは側腹部と下腹部も赤い。

アカゲラの英名は、Great Spotted Woodpecker。Spotted は背面にある白色の斑点を表したもの。アカゲラでは三列大雨覆《おおあまおおい》と外側の肩羽《かたばね》にある

コアカゲラ

頭頂部が赤い

頭部は赤くない

オオアカゲラ

頭頂部全体が赤い

頭部は赤くない

アカゲラ

後頭部が赤い

頭部は赤くない

白色部が連なって、よく目立つ大きな白斑になっている。Greatは大きな斑ではなく、ヨーロッパに分布する近縁3種の体の大きさによるもの。大きいほうから順番に、アカゲラはGreatで、ヒメアカゲラはMiddle（この種は、日本には分布していない）、コアカゲラはLesser Spotted Woodpecker。

　日本ではアカゲラを基準にして、大きい方をオオアカゲラ、小さいほうをコアカゲラと名づけた。アカゲラの学名は*D. major*、コアカゲラは*D. minor*、これらの種小名も体が「大きい」、「小さい」の意味である。

アカコッコ

島赤腹

英名:Izu Thrush

学名:*Turdus celaenops*

科属:ヒタキ科ツグミ属

全長:23cm

時期:留鳥

アカコッコの雄。頭から胸にかけてが黒い

「コッコ」と鳴き、雄は腹が赤いのでアカコッコ。しかし、頭から胸が黒いので、「頭黒赤腹」と呼んでもいいくらい。

日本固有種。伊豆諸島の島々で繁殖。近年、鹿児島県のトカラ列島でも繁殖記録がある。種英名は、主要な繁殖地を表したもの。

Thrushは中、大型のツグミ類の総称。漢字名は島赤腹。この島はシマアオジ、シマフクロウのシマと同じで、「特定の、限られた地域」の意味。赤腹(22頁)は近縁のツグミ類の1種。「島赤腹」は島に棲息しているシマアカハラツグミの下略。

アカコッコとアカハラの体の大きさはほぼ同じ。両種の雌はよく似ているが、アカコッコの雄成鳥は頭部全体、喉、胸が濃い黒褐色ないし黒色。アカコッコの「コッコ」は、近縁種のツグミ類も発する、軽い驚きや警戒の声「キョッ、キョッ」によるのだろう。江戸時代に「ツグミをシナイ、またその鳴き声からクハッ鳥」(『大和本草』)といったように。

アカショウビン

赤翡翠

英名：Ruddy Kingfisher

学名：*Halcyon coromanda*

科属：カワセミ科アカショウビン属

全長：27cm

時期：夏鳥

羽衣は橙色に近い赤色

「しょうびん」は「そに」「そび」から派生したという。鳴き声の「ピョロロ」を「少微」と聴きなし「しょうびん」になった？

カワセミ科の日本での漢字総称名は翡《ひ》翠《すい》。日本で繁殖しているカワセミ科はカワセミ、ヤマセミ、アカショウビンの3種。この3種は体の大きさと羽色が明らかに異なり、それぞれ方言が多い。

『古事記』の「大国主神」の項に「蘇邇《そに》杼《ど》理《り》の青き御衣《みけし》を……」とあり、「葦原中国の平定」の項には「翠鳥《そに》を御食人《みけびと》とし……」とある。文学者はこの「そにどり」はかわせみとし、「そにどり」は青の枕詞とされている。翠鳥すなわち「青または緑の鳥」だから、今の種カワセミであろう。平安時代初期の『和名抄《わみょうしょう》』に、漢字の鴗の見出しで「羽色は青翠で魚を食う小鳥。和名は曾比《そび》、江東（揚子江の右岸地方）では水狗と呼ぶ」とあるのも種カワセミであろう。「そに、そび」はこのように古く、語源は不詳。

「しょうびん」という言葉が、「そに、そび」からの派生語であるとは私には思えない。室町時代の字書『壒嚢抄《あいのうしょう》』に少微とあるのがショウビンらしく、やはり古い名称である。語源は不詳（カワセミ、92頁参照）。

アカハラの雌。雌雄とも脇腹は橙色

アカハラ

赤腹

英名：Brown-headed Thrush

学名：*Turdus chrysolaus*

科属：ヒタキ科ツグミ属

全長：24cm

時期：夏鳥、一部越冬

腹が赤いから「赤腹」、腹が白いから「白腹」。誰でも思いつきそうな、ごく単純な命名。

シロハラの雄。頭部は灰褐色で、後頸から上面は淡茶褐色

アカハラは赤褐色の胸腹部の羽色が顕著なこと、シロハラはこの部分に斑もなく、白っぽいことによる名前。アカハラはアカハラツグミ、アカハラシナイ（ヒ）の下略。シナイ（シナヒ）の語源は私には難解だった。吉田金彦編著『語源辞典・動物編』に（アカハラを冬鳥とする誤りはあるが）次のような明解な記述がある。「その語源については、諸本とも触れていないので、試案を述べる。シは鳴き声、ナヒは奈良時代からある古い語で、名詞や形容詞について、その行為をする意の動詞を作る接尾語「なふ」の連用形。すなわち、シーシーと鳴き声を立てる鳥という意」。そして私が思うには、「シ」は、近縁種マミチャジナイの地鳴きで特に顕著で、ほかのツグミ類も発する「ツィー」と聴こえる声（地鳴）によるのだろう。

アカヒゲ

赤髭

英名：Ryukyu Robin

学名：*Luscinia komadori*

科属：ヒタキ科ノゴマ属

全長：14cm

時期：留鳥

アカヒゲの雄。脇腹の黒色斑ははっきりする

「赤い毛のコマドリ」が、「赤い髭のコマドリ」になってしまった。コミュニケーションは難しい。

ホントウアカヒゲの雌。脇腹が亜種アカヒゲほど黒くない

漢字名は赤髭だが、赤い髭またはそれらしきものをもっているわけではないから、奇妙な名前である。この語源は江戸時代後期の『飼籠鳥《かいこどり》』に記されている。

「琉球地方に別の駒鳥がいることを知っていた薩摩の或る人が、これを得ようとして、赤い毛の鳥を仮名であかひけと書いて、遣いを出して求めた。ところが、赤い毛のあかひけをあかひげと（琉球の人が）誤読して、赤髭鳥と認めて来た。それで薩摩の人は、琉球では赤髭鳥というのかと覚えて、赤髭鳥の鳥を省略した赤髭が世に伝わったのである。世の人は未だこの経緯を知らずに、この鳥には赤い髭はないと疑問に思っている。笑うべし」（『本朝食《ほんちょうしょっ》鑑《かん》』ほかから要約）。面白い話である。

アカヒゲの成鳥の雄が囀る姿はなかなか見事である。

アジサシの幼鳥。額が白く、
嘴の基部は赤みがある

アジサシ

鯵刺

英名：Common Tern

学名：*Sterna hirundo*

科属：カモメ科アジサシ属

全長：36cm

時期：旅鳥

アジサシの夏羽は、頭から後頸は黒く、頬、喉、頸は白い。胸から下腹部は暗灰色

**ダイビングをして、
魚を嘴に差し挟むようにして捕るのが語源。
アジは「魚」という意味で、
アジばかり食べるわけではない。**

アジサシの群れ

カモメ科約86種のうち、広義のアジサシ類は41種。カモメ科の鳥は主に魚類を捕食している。アジサシ類の各属や種が主に行う狩りの方法には多少とも相異がある。

アジサシやコアジサシは水面上空を飛び回って、水面近くにいる魚を探し、およそ5

コアジサシ

停空飛行中の個体

コアジサシの夏羽。額から目の上まで白く、頭頂から後頭と過眼線は黒い。頬、頸、体下面は白く、上面は灰色。嘴は黄色く、先は黒い。脚は橙色

コアジサシの親子。食べ物の多くは小魚

〜15mくらいの高さから水面に向かってほぼ垂直に急降下（ダイビング）して、魚を捕らえている。

　アジサシは漢字では鯵刺《あじさし》。この名称はアジサシ類の総称でもある。鯵刺の刺は、「獲物を嘴で刺して捕る」という意味ではない、突き刺して捕ることも確かにあるが、ふつうは嘴で挟み捕っている。

　この刺しは、「鳥刺し」という古語、すなわち「細い竿の先に鳥もちを巻いて、その竿を鳥に向かって素早く差し出して捕ること。また、こうして鳥を捕る人のこと」である。

　鯵は、たとえば港で釣糸を垂れている人を通りがけに見た二人が、「何を釣っているのかな」「鯵だろう」と言うように、「ごく普通にいる魚」のことで、つまり一般的な魚に代わる言葉である。

　したがって鯵刺は「魚を捕る鳥、鯵刺鳥」の下略。

アトリ

獦子鳥
英名：Brambling
学名：*Fringilla montifringilla*
科属：アトリ科アトリ属
全長：16cm
時期：冬鳥

アトリの群れ。多いと数十万羽にもなる

アトリの冬羽雄。頭はバフ色で、黒色の羽が混じる。頬から頸側は灰色で、黒色の羽が混じる。背は黒っぽく、鱗状のバフ色の羽縁

アトリは大群をつくる。その様子がまるで獲物を追い立てる勢《せ》子《こ》のようであることから「獦子鳥」。

『古事記』と『日本書紀』には、鳥の名をもつ皇族や臣下が何人か登場する。アトリはそういう鳥の1種。名前の由来、語源についてはさまざまな考察がある。以下、簡略に記す。

①欽明天皇の五人の妃のうち、第三の妃の第三子が、『日本書紀』では臘觜鳥皇子で、『古事記』では足取王である。足取は「あとり」と訓読されている。したがって臘觜鳥も「あとり」である。

②『万葉集』巻二十、4339に「国めぐる阿等利(あとり)加麻(かも)気利(けり)行きめぐり……」とある。

③『日本書紀』天武天皇七年十二月の項には「……臘子鳥、天を弊《おほ》ひて西南より東北に飛

ぶ。其の月に、筑紫国、大きに地動《なゐふ》る。地裂《つちさ》くることと……」とあるから、奈良時代には「あとり」という鳥が知られていたことは確かである。④平安初期の『和名抄《わみょうしょう》』では「獦子鳥の見出しで、『辨《べん》色立成《しきりゅうじょう》』に云う臈觜鳥で阿止里(あとり)、また『楊氏漢語抄』の獦子鳥で和名は同じであるが、今按ずるに、この二つの名前とも出所は不詳。ただし、本朝国史に獦子鳥を用い(筆者注：これは、③に示したように、臘子鳥である)、また或る説によると此鳥群飛如列卒之満山林(つまり、この鳥は大群になり、山林に満ちあふれ、勢子《せこ》のように飛び回る)と云う。故に獦子鳥と名づける」とある。「あとり」の由来として私はこの説をとる。

このように、さまざまな漢字が用いられている。まず、(1)『大言海』に「臘子鳥の漢字は蠟觜なるべし、觜の色は黄白にして、蠟の如し」とあるとおりであろう。(2)『角川・漢和中辞典』によると「獵は、また獦に作り、獵犬の種類をいう。借用して、かり。臈は俗字でその正字は臘」である。(3)澤瀉《おもだか》久孝『万葉集注釈』では「獦は蠟の俗字であるが、当時は獦の字を用いることが例になっていた」という。

＊

アトリを表す漢字名として、ひとつは上の(1)から「蠟觜(＝嘴)鳥」。ほかの一つは天武天皇紀や『和名抄』にあるように、この鳥の山林に満ち溢れるような大群が見られることと、その動きを狩猟の列卒すなわち勢子に見立てた、「獦(または獵)子鳥」である。

次に「あとり」という和名の語源については、『大言海』に「集鳥《あっとり》の略なるべし」とある。この説は漢字名「獵子鳥」にも結びつく。江戸時代初期に発行された『日葡《にっぽ》辞書』には、「Attori、獦子鳥」とあり、アットリと促音である。

嘴が反って見える

アビ

阿比

英名：Red-throated Loon

学名：*Gavia stellata*

科属：アビ科アビ属

全長：61cm

時期：冬鳥

アビの幼鳥

アビの幼鳥

海に潜って魚を食べる鳥なので、「魚食《は》み」が「はみ」になり、やがて「あび」になったという。

「あび」という名は、種アビならびに、オオハム、シロエリオオハム、ハシジロアビ、ハシグロアビの5種からなる科の総称で、日本には前4種が冬鳥として棲息する。日本での漢字名は阿比。中国ではアビ科は潜鳥科という。

「あび」の語源は難解なもののひとつで、定説といえるものがない。その理由は、冬鳥であることや主に海域に棲息し、文学作品にほとんど登場しないからだろう。昔は、各地の沿岸海域や瀬戸内海に現在よりはるかに多数が渡来していたと思われ、方言は少なくない。百瀬敦子『アビ鳥と人の文化誌』によると、「オ

アビの幼鳥。上面の白斑は成鳥よりも目立つ

ハシジロアビ

冬羽から夏羽に移行中の個体

ハシジロアビの幼鳥

オハミ、オオハブ、ウバミなどの方言から、アビはハミの転訛だろう」とある。つまり、潜水して魚類を捕食しているアビ類の特徴から、「魚食《は》み」↓「はみ」↓「あび」と変化したと考察されている。

　おそらく、昔は種アビとオオハムは区別されていなかった。江戸時代に、この2種を区別するようになった際に、小型のほうを「あび」としたが、少し大型のほうは「おおあび」とせずに、「体の大きい、魚食み」つまり、「おおはむ」としたのであろうか。なお、ハシジロアビはさらに大型である。

アホウドリ

阿呆鳥、信天翁、沖の大夫

英名：Short-tailed Albatross

学名：*Phoebastria albatrus*

科属：アホウドリ科アホウドリ属

全長：89cm

時期：繁殖地では10〜6月頃

アホウドリの若鳥。上面は黒褐色で、体下面はわずかに淡色。年齢とともに黒い部分が少なくなっていく

頭部は黄色っぽい

飛ぶ能力は優れているが、地上での動作は鈍く、捕殺が簡単だったので「阿呆」とは、ひどい命名。

アホウドリという名称はアホウドリ科（13種）の総称あるいは、その1種の名前。アホウドリとは「阿呆な鳥」の意味。あきれた命名である。

この科の鳥は、どの種も体はたいへん大きい典型的な外洋性の海鳥で、非繁殖期は海洋で生活し、繁殖期だけ代々繁殖に使っている特定の島に戻って集団繁殖する習性がある。この科の鳥に限らず、人が訪れることがないか、稀にしか訪れない大洋の島で営巣する海鳥類には、人の恐ろしさを知らない種が多い。

アホウドリもそういう鳥で、飛翔能力は秀でているが、翼が長く、脚が短いので地上での動きや歩行動作が鈍い。そのためにこの鳥の上質の羽毛

海上で休息する成鳥と若鳥の群れ

クロアシアホウドリ

コアホウドリ

を採取する目的で、集団営巣地にいる多数の個体が撲殺されたり手づかみで捕まえられた時代が何年も続き、絶滅状態に陥った。簡単に捕らえることができるので「阿呆鳥」という名がつけられたのである。

もうひとつの漢字名は信天《しんてん》翁《おう》。これは「天を信じ、天に身をまかせている翁」の意。立派ないい名前と思えるが、この名も「鈍で阿呆な鳥」の暗喩であるともいわれる。一方、外洋で仕事をする漁師が、尊敬の気持ちをもって江戸時代に名づけた「沖の大夫《たいふ》、沖の尉《じょう》」という別名があり、鳥好きにはよく知られている。

アマサギの夏羽。婚姻色の嘴は赤みが増し、目先は青くなる（撮影：安部）

アマサギ

猩猩鷺、飴鷺

英名：Cattle Egret

学名：*Bubulcus ibis*

科属：サギ科アマサギ属

全長：50cm

時期：夏鳥

夏羽の顕著な橙色から、酒を好む想像上の動物「猩猩《しょうじょう》」を連想して猩々鷺の漢字名。

繁殖羽（夏羽）のアマサギは、橙色の羽毛が美しい。顔、頭部、頸部、背中などが橙色で、頭部の羽毛は長くはないが、少し立っている。前頸の羽毛も少し長く垂れている。嘴も赤味のある橙色になる。これらの特徴から、よく使われる漢字名は猩猩《しょうじょう》鷺。猩猩とは「酒好きの想像上の動物、また大酒飲み」のこと。おもしろい命名である。

アマサギという和名のアマは、上述の繁殖羽の色を飴《あめ》色と表現したもの、雨が雨雲《あまぐも》、雨《あま》燕《つばめ》と変化するのと同じで「あまさぎ」（転音という）。飴色とは赤褐色の水飴の色である。

『亜麻色の髪の少女』という歌が流行した頃に、一部の鳥関係の執筆者が「亜麻鷺」という漢字を使い、編集者もこれを受け入れたので、この漢字名が使われていることがあ

冬羽から夏羽に移行中

アマサギの冬羽。全体に白い

夏羽の群れ

る。野外で繁殖羽のアマサギを見れば分かることだが、これは誤りである。

　アマサギの英名はCattle Egret。Cattleは牛、蓄牛のこと。Egretはサギ科の鳥のうち、一般にシラサギ類といわれている種を含む、多くの種の総称。アマサギは丈の低い草原や草地、牧草地、農耕地などを好み、主に昆虫類を捕食している。これらの環境を歩き回って、もちろん自分で獲物を採っているが、大きな牛や水牛が歩くことで、とび出してくる昆虫類を狙って、牛に連れ添って採食する習性がある。それで、牛鷺という意味の英語名がついている。

シルエットは鎌形

アマツバメ

雨燕

英名：Pacific Swift

学名：*Apus pacificus*

科属：アマツバメ科アマツバメ属

全長：20cm

時期：夏鳥

ア

雨の気配をいち早く察知し、
雨の来ていない場所に素早く移動するのが名前の由来。

アマツバメという名称はアマツバメ科の総称、また、種アマツバメの名前。漢字名は雨燕《あまつばめ》。分類学的にはツバメ科と類縁関係はない。ツバメ類以上に空中生活に適応し、秀でた飛翔能力をもっている。体のわりに翼は長く、鎌の刃形をしている。脚は非常に小さいが、爪は鋭い。

　夏鳥として九州から北海道で繁殖し、海抜約１５００ｍ以上の山地の岩崖、海岸や沿岸の島の岩崖などで集団繁殖し、岩の裂け目や隙間に巣をつくる。採食はすべて空中で行い、低空から超高空を高速で飛び回って、空中に浮遊していたり、飛んでいる小昆虫類を捕食している。

　雨燕という名前はこの採食方法に関係がある。繁殖地がある山地で特によく観察されることだが、遠くに雨雲が来て雨模様になると、その地域から移動して来たと思われるアマツバメが、まだ雨の来ていない地域や晴れている地域に急に出現することがある。

　逆に、それまで飛び回っていた群れが、雨を避けてさっと姿を消すこともある。これは一時的な来雨により、獲物になる小昆虫の空中の分布状態が変わるからである。ときには、獲物が捕りやすくなったと思われる雨雲の下側の低空で盛んに採食している。

アリスイ

蟻吸

英名：Eurasian Wryneck

学名：*Jynx torquilla*

科属：キツツキ科アリスイ属

全長：18cm

時期：本州北部と北海道では夏鳥
本州中部以南では冬鳥

長い舌を土中に伸ばす（撮影：安部）

アリの卵嚢をくわえて巣に戻ってきた

長い舌を伸ばして、主にアリ類と小昆虫の成虫や卵などを舐《な》め取って食べるから「蟻吸」。

アリスイはキツツキ科の鳥なので、特殊な細長い舌が頭部を巻くように収納されていて、いっぱいに伸ばして出すと、約20cmにもなる。ほかのキツツキ類と同様に、この舌を伸ばして、地下や樹幹の奥などに潜む獲物を舐めるように捕っている。名前は蟻吸だが、「舐《な》め捕っている」というのが正しい。

アリスイの英語名はEurasian Wryneck。wryは鼻、首などが「ねじれている」の意味、neckは首。この英名は「捕まえられると、首を蛇のように、ねじまげて回す」ことによる。鳥類標識調査で、この鳥を手に取ると、上述のように、実に奇妙に、ゆっくりと首を回す動作をする。アリスイに全体的な羽色と斑が似ているサンカノゴイ（143頁）が、やはり、このような動作をするのは興味深い。

イカル

桑鳲（そうし）、鵤

英名：Japanese Grosbeak

学名：*Eophona personata*

科属：アトリ科イカル属

全長：23cm

時期：留鳥、
日本北部では夏鳥

大きな黄色い嘴が特徴的

イカルの群れ

鳴き声の「キーコーキー」を
「イーカール」と聴いてイカル。

「いかる」と「いかるが」は混同されがちであるが、「いかる」はこの項の種イカルのことで、「いかるが」は種キジバト（96頁）の項で述べる斑鳩と書くハト類のことである。この点について簡単に述べると、『日本書紀』、『万葉集』、『風土記』の逸文「伊豫国」やそのほかの古文書に「いかる、いかるが」が複雑に登場し、さらに、種イカルの近縁種シメと思える「しめ・此女、ひめ・比女」が「いかるが・斑鳩」と一緒に登場している。これについてはシメの項（156頁）に記した。

　そして平安時代の『和名《わみょう》抄《しょう》』では「鵤—『食経《しょくけい》』（中国の古書）にある鵤（すなわち音はカク）、和名は伊加流加《いかるが》、顔、姿は鴿（イエバト、カワラバトなどのこと）に似ていて、嘴は白い。また、『兼名

翼の斑はよく目立つ

苑』（同じく中国の古書）に云う斑鳩、『日本書紀』に見え、和名は同じ、嘴は大きく、尾は短い」とある。（以上、括弧内は著者注）

江戸時代後期、狩谷棭斎は『箋注和名抄』のなかで、「鵤はいかるがであり斑鳩とは別で、『和名抄』の著者はこれらを混同している」と指摘している（著者注：ただし、鵤は、いかるとはせずにいかるがとしている）。

種イカルの名前の語源について、『大言海』は「いかるが、斑鳩。觜は太く、短く、円錐形で、端は内に曲がる。稜起角《いかるかく》の下略であろうか」としている。「端が内に曲がる」は適切でないともいわれるが、上嘴の峰部が描く嘴峰線《しほうせん》はかなり下（内）に曲がっている。鵤という字は、嘴が角質であることによる字だろうか。鵤の字は大部分の辞典で国字とされている。しかし、歌人でもあり大文学者の會津八一の「斑鳩」で指摘されているように、『和名抄』で『食経』にあるというように、この字は古い漢字。また、日本でも中国でも、イカルに桑鳲の漢字が使われている。

鳴き声によるとする説もある。これは「キーコーキー」と聴きとれる囀りを「イーカルー」と聴いたのであろう。私はこの説をとる。この囀りは「月日星」とも聴きなされて、「三光鳥」という古い別名がある。144頁のサンコウチョウの項も参照。

イスカの雄。翼と尾羽は黒褐色。他は全体に橙赤色

イスカ

交嘴、鶍

英名：Common Crossbill

学名：*Loxia curvirostra*

科属：アトリ科イスカ属

全長：17cm

時期：冬鳥または留鳥

イスカの雌。頭から背がオリーブ色。腰は黄色。翼と尾羽は黒褐色。喉は白っぽい

イスカは一般の鳥と異なって、嘴の先端が合わずに、上下(左右)に交叉している。室町時代の『下学集』『節用集』ともに、「鶍(イスカ)」として「觜不合鳥也」と特徴を記している。『岩波 古語辞典』には、「いすかし(佷し)(形容詞)、イスカ(鶍)の派生語。イスカのようだの意。心が人と会わない。心がねじけている」と、語源が解説されている。『日本書紀』継体天皇二十四年十月の項に「毛野《けなの》臣《おみ》は、人となりが傲慢で佷かしく(ねじけていて)……」とある。『古事記』の神武天皇の条に「鴫罠《しぎわな》張《は》る　鴫は障《さや》らずいすくはし　くじら障る……」とある。国語学者のあいだに諸説があり、「いすくはし」の語義は未詳。「くじら」は鷹のこと、「いすくはし」は「くじら」にかかる形容詞ともいう。

鶍継《いすかつぎ》は継ぎ木の方法のひとつ。本種の嘴のように上下・左右の木材を互い違いに組む。

イソヒヨドリ

磯鵯

英名：Blue Rock Thrush

学名：*Monticola* solitarius

科属：ヒタキ科イソヒヨドリ属

全長：23cm

時期：留鳥

イ

イソヒヨドリの雄。頭部から胸、背から尾羽までと肩羽、小雨覆、下腹部、脇腹は明るい青色。脇から下尾筒はレンガ色

磯に棲息していたから「磯鵯」だが、ビル街やダムのような人工的環境、さらに、住宅地にも進出中。

イソヒヨドリという名称は、9種からなるイソヒヨドリ属（*Monticola*）の総称でもある。ヒヨドリというがヒヨドリ科ではなく、ヒタキ科の鳥。この属の鳥は海岸の磯や岩場だけでなく、内陸の裸岩の多い灌木地帯や高地の岩の多い環境に主に棲息している。

属名*Monticola*のmonsは「山」、colaは「住人」。つまり、「山の住人」の意。

日本には種イソヒヨドリの2亜種と別の種ヒメイソヒヨドリ（迷鳥）が分布。亜種イソヒヨドリが主に海岸の岩礁地帯やその近くに棲息しているので、「磯にいるヒヨドリのような鳥」と名づけられた。約50年前からこの亜種は山地のダム造成地やビル街、さらに住宅地に進出している。日本のイソヒヨドリのこのような棲息状態は、この属の鳥としては少し異例。

イヌワシの雌と雄。雌の方がひとまわり大きい

イヌワシ

犬鷲、狗鷲

英名：Golden Eagle

学名：*Aquila chrysaetos*

科属：タカ科イヌワシ属

全長：84cm

時期：留鳥

狗鷲の「狗」は天狗の「狗」。大自然のなかを天狗のように自在に飛びまわる連想から。

日本のイヌワシは、この種としては最も森林山地棲である。山地に棲む代表的な巨大な鳥。山地の環境が荒廃し、現在、日本のイヌワシは絶滅の危機にある。『日葡《にっぽ》辞書』には「Inuvaxi（いぬわし）」とあるから、室町時代には、この種はイヌワシとして知られていた。イヌワシの漢字名は、犬鷲、狗鷲である。犬の字は、近縁の種や類似の種を比較し、「劣っている、下級の」といった意味を示す接頭語としてよく使われている。古くからワシ類とクマタカの尾羽は箭《や》羽《ばね》に使われていて、純白の羽や黒い横帯のあるものが非常に高価な高級品であった。しかし、尾羽が褐色である本種は「下級の鷲、犬鷲」とされた。

ワシの語源についてはオジロワシの項（76頁）に記した。

平安初期の『和名抄』には、鵰鷲の項に中国の古い文献を引いて、鵰は大鵰と云い、鵰の和名は「おほわし」、鷲は「こわし」、小鵰なり、とある。

今の種イヌワシを表す狗鷲はよい名前であると思う。これは山地を自由に駆け、飛び回る天狗にちなんだ命名である。

イワヒバリ

岩雲雀、岩鷚

英名：Alpine Accentor

学名：Prunella *collaris*

科属：イワヒバリ科カヤクグリ属

全長：18cm

時期：留鳥

登山者を恐れない性質

イワヒバリの幼鳥

高山の岩場で囀るので「岩雲雀」。

　この鳥は高山の岩場やハイマツ帯で繁殖し、岩にとまって、にぎやかに囀る。その名前は「岩場のヒバリ」だが、ヒバリ科ではなく、イワヒバリ科の鳥。漢字名は岩雲雀あるいは岩鷚。この科(類)の中国名も「岩鷚」である。

　日本には、この科のヤマヒバリ(山雲雀)とカヤクグリ(萱潜、87頁)も分布。ヤマヒバリは少数が主に秋期に見られる旅鳥。カヤクグリに近縁で、大きさもカヤクグリと同大。澄んだ音色の「チリリリ、チリリリ」という地鳴きもよく似ている。

　イワヒバリとカヤクグリは留鳥。両種とも亜高山から高山帯で繁殖する登山者にはなじみのある小鳥である。特にイワヒバリは人おじせず、山小屋の近くにも採食に来る。繁殖行動が終わると小群になり、低山の岩場や礫地まで降りてくる。

囀っていても目立たない

ウグイス

鶯

英名:Japanese Bush Warbler

学名:*Cettia diphone*

科属:ウグイス科ウグイス属

全長:14cm(雌)、16cm(雄)

時期:留鳥

鳴き声の「ウークーイー」に、鳥を示す接尾語「ス」がついてウグイス。「ケキョ、ケキョ」「ホー、ホケキョ」は名前にならなかった。

ウグイスの語源については、『東雅《とうが》』の「草木の叢り生ふる所に巣をくうもの」のほか、棲息状況によるとする説と囀りによるとする説がある。後者のほうが適切だと私は思う。以下、簡潔に述べる。

江戸後期の『嚶々筆語《おうおうひつご》』収録の岡部東平「聞仏法僧鳥説」には「……鶯も古の人は宇《う》ー《う》久《く》ー《う》比《ひ》となくと聞えとぞ呼ぶならはしけむ……」とある。「うぐひす」という名は『万葉集』に詠まれている古名。この鳥の囀りを「ホーホケキョ」と聴き「法、法華経」あるいは「宝、法華経」と聴きなすのは絶妙である。

『古今和歌集』巻十、物名《もののな》に「心から花の雫に濡《そぼ》ちつつ　うぐひすとのみ鳥の鳴くらん」では、うぐひすは自分の名を名乗って鳴いている。巻十九の誹諧歌の「梅の花見にこそ来つれ　うぐひすのひとく(人来)ひとくと厭《いと》ひしもをる」では、鳴き声を「ひとく」と聴きなしている。これは俗に「谷渡り」という繁殖期の雄が発する警戒声「ケキョ、ケキョ」を「ヒトク、ヒトク」と聴きなしたのだろう。

囀りの「ホーホケキョ」は、「ヒーヒトク」とも聴きなせる。

ウズラ

鶉

英名：Japanese Quail

学名：*Coturnix japonica*

科属：キジ科ウズラ属

全長：20cm

時期：留鳥

ウズラの雌。草むらでも目立たない

草むらに蹲《うずくま》るからウズラ。『和名抄』では「蝦蟇（ヒキガエル）が変身した鳥」と紹介されている。

ウズラの頭部は褐色で、眉斑と目先は白っぽい

鶉は『万葉集』『古事記』などに登場し、奈良時代からよく知られ、雉《きじ》とともに狩猟鳥であった。鶉の字は奈良時代から使われている漢字である。

『和名抄《わみょうしょう》』に「鶉―音はシュン、和名は宇都良。蝦蟆《がま》化為鶉」とある。ウズラという名前について、その生態から「よく蹲《うずくま》る鳥」から来ているのであろう、と私はずっと思っていたが解決できなかった。吉田金彦編著『語源辞典・動物編』に試案として、語源がよく解説されているので、『岩波　古語辞典』も参考にして記す。

ウズは、古語「蹲る」（うずくまる。しゃがんで、丸くなること）、「埋《うず》む」などの語根ウズ。ラは前の言葉の語根をうけて、その状態を表す接尾語。これで「蹲っている様の鳥」、ウズラである。ほかにも説があるが適切でない。

ウソ

鷽、嘯鳥
英名：Eurasian Bullfinch
学名：*Pyrrhula pyrrhula*
科属：アトリ科ウソ属
全長：16cm
時期：留鳥または冬鳥

ウソの雌と雄。雄の頬は赤い

口笛を吹くことを「嘯吹《うそぶき》」という。鳴き声が口笛の音と似ているのでウソの名がつけられた。

ウソの語源は、口笛でまねができる「フィー、フィー」と聞こえる鳴き声による。間接的な擬声語である。

うそ（嘯）という言葉は『万葉集』『日本書紀』にも見られる古語。『岩波 古語辞典』によると、うそぶき（嘯吹）とは「口をすぼめて息を吹き、音を出す」こと。うそ（嘯）は、「口をすぼめて出す息。口笛」である。

ウソの鳴き声は、その囀りと地鳴きの区別が実に微妙なので、詳細はここでは省略するが、「フィー、フィー」と聞こえる声は、柔らかく、爽やかな音色である。この鳴き方はよく聴かれ、雌雄ともこ

♀

アカウソ

雄は胸から腹に淡い紅色で、成鳥ほど赤味が強い

ベニバラウソ

雄は胸から腹が濃い紅色で、大雨覆の羽先は白い

の声を出す。

漢字として、鷽（音はアク、カク）が当てられ、「うそ」と訓読みされている。しかし、この漢字の字義は「おながどり、さんじゃく（山鵲）」である。（『角川　漢和中辞典』）。現在の中国の鳥類学書ではウソ類の総称は灰雀。一部の種には、鷽の字も使っている。

昔から「嘯鳥」も使われているので、この字のほうがよいと思う。

西行『山家《さんか》集』に「ももぞのの　花にまがへる　てりうその　むれたつをりは　ちるここちする」と詠まれている。「てりうそ」は、顔の桃色の羽毛が美しい雄のことで、照嘯と書く。雄に比べて地味な雌は雨嘯《あまうそ》。

ウトウ

善知鳥

英名：Rhinoceros Auklet

学名：*Cerorhinca monocerata*

科属：ウミスズメ科ウトウ属

全長：38cm

時期：留鳥、東北南部以南で冬鳥

上嘴の基部には突起がある

ウトウの幼鳥

体下面は淡い色

分布地の方言で穴のことを「うと」という。穴を掘って子育てをする「ウ」だから「ウトウ」。

　ウトウという標準和名も、善知鳥《うとう》という漢字名も変わった名前であり、その語源は難しい。

　まず、語源に関係するウトウの鳥類学上の基本事項だが、近年、日本では、ウトウは主に北海道の天売島《てうりとう》のほか沿岸の島々、青森県、岩手県、宮城県の島々で集団繁殖し、草の生えている柔らかい地面に横穴を掘って営巣する。繁殖期には雌雄ともに親鳥の上嘴基部に角質の突起が生じる。繁殖期が終わればこの突起は落ち、沿岸海域で生活する。

　語源には諸説がある。①青森県や秋田県などで、穴や洞をウトという。青森市浅虫《あさむし》の

ウトウの群れ

近くに善知鳥崎《うとうまい》がある。この付近の海岸にウトウが棲息していた。ここに近い青森市安《やす》方《かた》にある善知鳥神社の祭神、創建の由来には諸説があり、さらに「善知鳥安方伝説」がある。②巣穴の意のウトに、カワウ、ウミウと同じウ（鵜）がつきウトウ（穴鵜）となる。③陸奥地方の方言では出崎（海に向かって突き出している地形）をウトウという。繁殖期に上嘴基部に生じる突起と出崎から、ウトウという名がついた。④アイヌ語でetoというのが、この鳥である。①および②の説が整っていると思う。

　ウトウに鴥（たぶん国字）を当てるのは、巣穴の穴＋鳥の字を採用したのであろう。

　なお、古く世阿弥作の深遠な内容の謡曲、『善知鳥』がある。

虹彩は赤く、長い冠羽がある

ウミアイサ

海秋沙

英名：Red-breasted Merganser

学名：*Mergus serrator*

科属：カモ科ウミアイサ属

全長：55cm

時期：冬鳥

ウ

「秋沙」は日本で生まれた名前か。秋は季節、沙《さ》は「去る」「間」などの説がある。

カモ科のアイサ属（*Mergus*）は6種からなる。日本には4種が主に冬鳥として棲息し、カワアイサとミコアイサは北海道で少数が繁殖する。漢字名は秋沙。現在、中国の鳥類学書もアイサ属の総称として「秋沙」を用いている。ところで、この漢字名は中国生まれではなく、日本起源のようである。私にはこの語源は難解で、よい答えがない。

アイサは『万葉集』の歌に基づき、平安末期より歌材とされた（『角川古語大辞典』）。日本の書物での初見は『万葉集』巻七、1122「山の際《ま》に渡る秋沙《あきさ》のゆきてゐむ　その河の瀬に波立つなゆめ」である。原文でも秋沙という字を使っている。鎌倉時代の

カワアイサ

カワアイの雄。頭部から頸上部は黒く、緑色の光沢がある。後頭はふくらんで見える。嘴は赤く、先端は黒い

ミコアイサ

雌3羽(左)と雄(右)

ミコアイサの雄。頭部から胸は白く、目のまわりと背から腰にかけては黒くて、頭には冠羽がある。嘴は黒い

『夫木《ふぼく》和歌集』には、「あきさ」を詠んだ3首がある。これらの歌から国語学者、語源学者は、秋沙の語源を次のように考えている。①『大言海』は、「秋早ク出ヅルヲ以テ名ヲ得シナルベシ。秋《あき》早《さ》鴨《がも》の音便略。」、②松岡静雄編『日本古語大辞典』は、「サは間の意、アキサは秋の頃」とし、③吉田金彦編著『語源辞典・動物編』は、「晩秋に渡来し越冬するから、秋《あき》去《さ》り鴨の意。アキサリ(秋去)を原形とするのが正しい」と解説している。「秋沙」の秋を「あき」と呼んでいるから「あきさ」と呼ぶ鳥がいたのであろうか。

ウミウ

海鵜

英名：Japanese Cormorant

学名：*Phalacrocorax capillatus*

科属：ウ科ウ属

全長：84cm

時期：留鳥

ウはカラスのように全身が黒い。そこで「烏」という漢字の音読み「ウ」を名前にしたのではないか？

日本ではウを表す漢字として鵜の字が定着している。しかし、既に国語学者、文学者が指摘しているように、これは大昔に始まる誤用である。漢字の鵜鶘は正しくはペリカン類の総称であるが、この字から鵜の誤用が始まったようである。ウ類の総称は、正しくは鸕鷀（ろじ）で、現在、中国の鳥類学でも鸕鷀を使っている。

『古事記』『日本書紀』『万葉集』にも、う（鵜）が登場する。『古事記』の神武天皇の条の「島つ鳥、鵜養が伴に……」の原文は「宇加比」、崇神天皇の条の「鵜の如く河に浮き、……鵜河という」では、原文も鵜の字を用いている。

『日本書紀』では、神代下に「彦波瀲《ひこなぎさ》武《たけ》鸕鷀《う》草葺不合尊《がやふきあえずのみこと》という、……鸕鷀の羽を用いて……」で、原文も鸕鷀。神武紀の「阿太の養鸕部の」の原文も「鸕」。「鵜飼をする仲間」での原文では「宇介譬」。雄略天皇、三年、「……鵜飼の真似ごとを……」の原文は「偽使鸕鷀」。同十一年、「白い鵜が……」の原文は鸕鷀を用いている。

このように漢字の原文を調べれば分かるように、『日本書紀』の編著者はウを表すの

カワウ

顔の白い部分は目より上まで拡がらない

顔の白い部分は目より上まである

に、正しく鸕鷀の字を用いている。それにしても鵜飼が日本、中国ともに、大昔から行われていたのは興味深い。

ウの語源には諸説がある。『東雅』は「ウとは浮の義なるに似たり」と。『日本書紀』の「ウの羽で産屋も屋根を葺いた…」の「産む」からとする説。吉田金彦編著『語源辞典・動物編』には、「奄美島、徳之島、沖永良部島、喜界島、宮古島などの方言から、ウミドリから、字の省略、脱略でウとなった」とある。しかし、これらの地域にはさまざまな海鳥が棲息し、むしろウ類は少ないから、この方言が正確にウを指しているか疑問。

私の考えでは①ウはカラスのように黒い。英名cormorantは、「海のカラス」の意である。②『万葉集』巻六、９４３「玉藻刈る辛荷の島に島廻する鵜にしもあれや家思わざらむ」の原文では、鵜は「水烏」。巻十九、４１８９も水烏。烏の音読みは呉音はウ、漢音オであるから、ウの語源は烏の音読みによる。③烏と鴉の2字は「カラス」を指す字として知られていたから、烏の音「ウ」を「ウ」の鳥に当てても、不便ではなかったであろう。

海鵜は主に沿岸海域に、河鵜は主に河川、湖沼に棲息するので、この名前である。

陸ではペンギンのような姿勢をとる

ウミガラス

海烏

英名：Common Murre

学名：*Uria aalge*

科属：ウミスズメ科ウミガラス属

全長：43cm

時期：留鳥、一部は冬鳥

ウ

羽ばたきが速い

ウミガラスはチドリ目ウミスズメ科ウミガラス属の海鳥。漢字名は海烏。嘴、頭部から上背面が黒色なのでウミガラスである。

海に棲むカラスのような黒い鳥だから「海烏」。

ウミガラス属 *Uria* はギリシャ語の ouria。ギリシャの哲学者アテナイオス（Athenaeus）が、「細長く黒い嘴をもち、体の黒い、カモ大の水禽」とした鳥の名（Macleod 1954）。種小名 *aalge* は、デンマーク語の aalge、すなわちウミガラスをとったもの。

オロロン鳥《ちょう》という俗名は鳴き声による。集団繁殖地で喉を震わせて出しているような「アアアア、アアアア」という鳴き声を岩棚に群れるウミガラスが発すると、鳴き声が複雑に重なり、さらに、ほかの種の海鳥の声が加わると、実に騒がしい。「オロロン」は、「アアアア」を「ロロロロ」と聴いたのであろうか。

ウミスズメ

海雀

英名：Ancient Murrelet

学名：*Synthliboramphus antiquus*

科属：ウミスズメ科ウミスズメ属

全長：25cm

時期：留鳥、東北北部以南では冬鳥

ウ

ウミスズメの冬羽。喉から頬にかけてが白い

ウミスズメの夏羽。黒い頭に小さく白い眉斑

種小名*antiquus*は「老齢の」という意味だが、歳を取っているような印象はまったくない。

ウミスズメ科のうち、体の小さい種を特にウミスズメ類という。種ウミスズメの全長はわずか25cm。漢字表記は海雀。種ウミスズメは太平洋北部の島々で繁殖する海鳥。日本でも北海道の天売島やそのほかの島々にごく少数が繁殖している。岩と岩の間の奥や地下の穴に産卵する。越冬期には主に本州中部以北の海域で観察され、「チッ、チッ」とやさしい声で鳴く。

属名*Synthliboramphus*はギリシャ語「圧縮する」の意のsunthliboと「嘴」の意のrhamphosからなる。すなわち「圧縮されたような小さい嘴」をもつ特徴による。

種小名*antiquus*は「老齢の」の意。おそらく、顔や頭部の羽衣から「老人のような容貌」ということと思われるが、実際はかわいらしい顔つきである。

雛を見守る親鳥

ウミネコ

海猫

英名：Black-tailed Gull

学名：*Larus crassirostris*

科属：カモメ科カモメ属

全長：47cm

時期：留鳥

ウ

ウミネコの幼鳥。全体的に褐色

尾羽に黒い帯がある

鳴き声がネコに似ているので「海猫」。

鳥類の和名には、特徴のある鳴き声に由来するものがいくつかある。そういう名前には、①カッコウのように、その鳴き声がそのまま名前になっているもの。②広い意味での聴きなしによるもの、ウグイスやイカルのように、この説には、たいがい賛否両論がある。③コマドリやウミネコのように、ほかの動物の鳴き声をその鳥の鳴き声にたとえて、元の動物の名前を借りたもの。

しかし実際のところ、このような分類が、和名の由来、起源を探求するのに特に役立つわけではない。

ウミネコという和名は、「アー、アー」「アア、アア」とも記せる強い鳴き声が「ミヤーミヤー」とも聴こえることによる。ネコ好きの人がどう感じるのか分からないが、ネコの鳴き声に似ているので、ウミネコカモメ（海猫鷗）である。ウミを略してネコカモメ（猫鷗）でもいいが、カモメが略されてウミネコ（海猫）である。

種カモメの米名は、Mew Gull。mewはネコの鳴き声「ニャー、ニャー」の擬音語。直訳すれば、「猫鷗」である（86頁参照）。

海馬はタツノオトシゴ、海豚はイルカ、海象はセイウチ、海鼠はナマコ。海猫も、これらの動物に並んだような名前である。

天然記念物に指定されている蕪島（青森県）の集団繁殖地

エゾセンニュウ

蝦夷仙入

英名：Gray's Grasshopper Warbler

学名：*Locustella fasciolata*

科属：センニュウ科センニュウ属

全長：18cm

時期：夏鳥

水辺のヤナギの木に営巣していた

**センニュウは草むらのなかを
自在に動いて暮らしている。
その様子が「仙人」のようだから？**

センニュウ属は10種からなり、いずれも草原に棲息する小鳥である。日本にはエゾセンニュウ、シマセンニュウ、マキノセンニュウ、ウチヤマセンニュウが夏鳥として棲息。さらにオオセッカ（165頁）も分布。どの種も、ほぼ雌雄同色で、全体として褐色ないし黄褐色の地味な羽色である。

センニュウという名前の語源は明らかでなく、これはといえる説もない。漢字名は仙入。江戸中期の『和漢三才図会』に「仙遊鳥《せんゆうどり》…正字は未詳」として収録されている小鳥が「仙入」ではないか、ともいわれている。しかし、この鳥についての解説、記述は短く、不十分なので、これが

エゾセンニュウの雄。顔から胸が青灰色

ウチヤマセンニュウ

頭からの上面はシマセンニュウより緑色味がなく、淡褐色っぽい。胸側から脇腹の褐色味はシマセンニュウより強い

シマセンニュウ

上面の縦斑が目立つ。頭から上面は緑色がかった淡褐色で、前頭と翼は黒褐色味がある。風切の羽縁は淡色。尾羽の先端は白い

マキノセンニュウ

上面の縦斑が目立つ

センニュウであるとは断定できない。中国の鳥類学書でも、センニュウ類を表す総称名がない。

仙遊という言葉の意味のひとつは、『角川・漢和中辞典』によると「仙人となって自由自在に飛び歩く」ことである。センニュウ類は草むらのなかに潜んでいるかのように生活しているから、仙遊に通ずるところもある。また、この習性から、センニュウは「草むらに潜入している鳥」の略で潜入であろうという説も成り立つかもしれない。「仙入」という漢字名がどうして使われるようになったのか不明である。

エトピリカ

花魁鳥、花魁鴨

英名：Tufted Puffin

学名：*Fratercula cirrhata*

科属：ウミスズメ科ツノメドリ属

全長：39cm

時期：留鳥

エ

エトピリカの夏羽。飛んでいても大きくて美しい嘴がよく目立つ

アイヌ語でエトは「嘴」、ピリカは「美しい」。その名のとおり、嘴はきれいな赤色。

エトピリカという名前は、アイヌ語のエト（嘴）、ピリカ（美しい）、による。つまり「美しい嘴の鳥」の意味である。

エトピリカは北太平洋に棲息する海鳥。この海域では個体数が多く、アラスカ沿岸には数千万個体が棲息しているという。日本では北海道東部沿岸の島で少数が繁殖しているが、近年は、さらに繁殖数が減少している。土の中に巣穴を掘って産卵し、雛を育てる。雌雄同色。繁殖期には雌雄ともに顔の羽毛が白くなり、眼の上から後方に黄白色の房のような長い飾り羽が生える。上嘴のつけ根に近いほうの3分の1は暗黄緑色、それより先端までは鮮やかな赤褐色になる。漢字名はこの派手な姿による。繁殖期が終わると、嘴の基部は暗褐色、それより先は赤褐色になる。飾り羽も抜け落ち地味な羽《う》衣《い》になる。

エナガ

柄長

英名：Long-tailed Tit

学名：*Aegithalos caudatus*

科属：エナガ科エナガ属

全長：14cm

時期：留鳥

老若男女に人気が高い鳥である

尾が柄杓《ひしゃく》の「柄《え》」のように長いから「柄長」。

漢字名は柄長。この柄は柄《ひ》杓《しゃく》の柄のこと。

エナガはかわいい小鳥で、雌雄ほぼ同大同色。体の大きさの割りに尾羽がかなり長い。

シマエナガ
頭部全体が白く、エナガのような黒眉斑はない

この長い尾羽を柄杓の柄に見立てた名前である。

エナガの属名 *Aegithalos* は、アリストテレスがシジュウカラ類（tits）の1種と記しているギリシャ語の aegithalos による。

種小名 *caudatus* は、中世ラテン語の caudatus「（長い）尾の」という意味。つまり、種エナガの学名の意味は「長い尾のシジュウカラ類の1種（アエギタロス）」である。

種エナガは以前はシジュウカラ科エナガ属に分類されていた。現在は独立してエナガ科である。エナガ科は8種で、そのうち5種のエナガ属の総称英名は Long-tailed Tits。

オオジュリン

大寿林

英名：Common Reed Bunting

学名：*Emberiza schoeniclus*

科属：ホオジロ科ホオジロ属

全長：16cm

時期：留鳥または冬鳥

♂

黒い頭部に白い顎線が入る

♂

コジュリン

頭部全体が黒い

囀りの「ジュリーン」から「ジュリン」の名。大きな鳥がオオジュリン。似ている小さな鳥はコジュリン。

　ジュリンは、オオジュリンの囀りと地鳴きによる命名であろう。オオジュリンの囀りは、やや複雑であるが、たとえば「チ、チュチュチュチュチュジュイ」と記せる囀りの最後のジュイは「ジュリーン」と聴きなせる。オオジュリンはもっぱらヨシ原で越冬し、枯れヨシにとまっている姿がよく観察でき、ホオジロ類としては大きな声の地鳴きもよく聴かれる。チュイ系の声の地鳴きにも、「ジュリン」の要素がある。

　オオジュリンの夏羽雄は喉と頭部が黒く、顎線は白い。コジュリン（全長15cm）の夏羽雄は、喉、顔、頭部全体が黒い。この2種の夏羽雄が似ているので、大ジュリン、小ジュリンである。しかしコジュリンの鳴き声には、「ジュリン」の要素は聴きとれない。「じゅりん」は当て字で「寿林」と書く。

オオタカ

大鷹、蒼鷹

英名：Northern Goshawk

学名：*Accipiter gentilis*

科属：タカ科ハイタカ属

全長：56cm(雌)、50cm(雄)

時期：九州以北で留鳥

日光浴をしているところ

本来は、
体が大きく鷹狩で活躍した雌がオオタカ。
雄は雌より小さく、「せう」と呼ばれていた。

オオタカとは、文字どおり「大きい鷹」という意味。漢字では、一般には大鷹、蒼鷹と書く。蒼の字の青い色には、大別して①深く濃い青(緑)色と、②鮮やかでない青い色、のふたつの意味がある（アオサギ12頁参照）。蒼鷹《あおたか》の蒼は、青味を帯びた翼上面と背中の羽毛の色を表したもの。②の「青色を帯びた灰色」である。この部分の羽色は個体差があり、さらに光線によって、かなり明るくも暗くも見える。

鷹狩では、体の大きい雌のオオタカが重用され、雌雄別の名称があった。『和《わ》名《みよう》抄《しよう》』の鷹の項に「青白をとわず、大きいものは皆、於保太加と、小さいものは皆、勢宇と名づけられている」とある。大きい雌が「おほたか」で、雌よりも小さい雄は「せう」である。

オオハクチョウの群れ。屈斜路湖では
温泉水の流入する場所で越冬する

オオハクチョウ

大白鳥

英名：Whooper Swan

学名：*Cygnus cygnus*

科属：カモ科ハクチョウ属

全長：140cm

時期：冬鳥

鳴き声の特徴から古名は「ククイ」。「コーィ、コーィ」と呼び寄せるが、それも鳴き声から。

現在の和名ハクチョウの意味は解説の必要はないだろう。ハクチョウ類を表す漢字は、鵠、鵝、鴻などがある。白く、大きいこの鳥は古くから日本人の目にとまっていた。『古事記』の垂仁天皇の条に「……今高《たか》往《ゆ》く鵠《くくひ》の声を聞きて……」とあり、同じことが『日本書紀』にもあり、記紀ともに鵠の字が使われている。やはり記紀にある景行天皇の条、倭建命《やまとたけるのみこと》の死の項に「八《や》尋《ひろ》白《しろ》智《ち》鳥《どり》、白鳥陵《しらとりのみささぎ》」とある。『古事記』景行天皇の条には「……天の香具山利《と》鎌《かま》にさ渡る鵠《くび》……」とあり、鵠の原文は久毘である。クビはククヒの略とされている。この時代にはハクチョウは「ククヒ、クグヒ」といわれていたこと

オオハクチョウの成鳥。嘴はコハクチョウと比べて黄色の部分が大きい。黄色と黒色の入り方は個体変異がある

アメリカコハクチョウ

嘴はほぼ黒い

コハクチョウ

コハクチョウの成鳥と幼鳥。嘴は黒く、基部は黄色い。雌雄同色。オオハクチョウより頸は短い。ただし、長いタイプもいる

が分かる。『和名抄《わみょうしょう》』の鵠の項目には、「(私の考えでは) 鵠は胡篤（著者注：すなわち音読みはコク)、『漢語抄』に云う古布、日本紀私記に云う久々比」とある。

「クグイ」の語源について、『東雅《とうが》』に「クグヒとは、その蹄声をもて呼びしに似たり。ヒとは古の俗、鳥を呼びし語……」と説明されている。『大言海』も「鳴き声を名とす」とし、さらに「鵠《こく》も鳴く声なり」と。

オオハクチョウとコハクチョウの鳴き声は同じではないが、両種の鳴き声は「クク」とも「コク」とも聴きなせる声である。

オオハシシギ

大嘴鷸

英名：Long-billed Dowitcher

学名：*Limnodromus scolopaceus*

科属：シギ科オオハシシギ属

全長：29cm

時期：冬鳥あるいは旅鳥

オオハシシギの冬羽。身体の大きさに対して嘴は長い

シギ類には、長くて大きい嘴をもつ種が何種もいる。オオハシシギ類もそういうシギの代表。ハシは嘴のこと。名前は文字どおり「大きい嘴のシギ」の意。

シベリアオオハシシギ

後頭部が出っ張って見える

ハシは「嘴」のこと。
嘴が大きいから「大嘴鷸」。
英名も同じ特徴からつけられた。

この属はオオハシシギ、シベリアオオハシシギ、アメリカオオハシシギの3種。日本ではオオハシシギとシベリアオオハシシギが数少ない旅鳥あるいは冬鳥として見られる。

オオハシシギ（*L. scolopaceus*）の英名は、長い嘴からLong-billed Dowitcher。シベリア東部と北米大陸の極北部で繁殖し、主としてアメリカ南部で越冬する。シベリアオオハシシギ（*L. semipalmatus*）はアムール川流域から西方のオビ川中流域にかけて繁殖地が点在する稀少種で、アジア東南部、オーストラリアなどで越冬するので、英名はAsiatic Dowitcherである。

オオハム

大波武

英名：Black-throated Loon

学名：*Gavia arctica*

科属：アビ科アビ属

全長：68cm

時期：冬鳥

オオハムの冬羽。アビと違って嘴はまっすぐ

「（魚を）食む」大きな鳥だから大ハム。
「波武」は当て字。
海鳥なので「波」の字を使ったのだろうか。

　オオハムの語源は近縁種のアビ（28頁）の項にも記したように難解である。古くは、アビ、オオハム類の各種は、現在のようにはっきり区別されていなかったのであろう。アビ科の鳥は潜水して主に魚類を捕食している。

シロエリオオハム

夏羽では前頸が紫色

このことから「魚食《は》み」と呼ばれ、ハミ、さらにハムになったと考えられている。

　この科の鳥は日本では冬鳥で、主に沿岸海域に棲息している。

　アビよりも少し大きいほうをオオハムとして江戸時代に区別したようである。オオハムの漢字名、大波武は「波浪に遊ぶ武人（鳥）」といったような意味を込めた当て字だろうか。

　シロエリオオハム（*G. pacifica*）の和名は、「襟《えり》の白いオオハム」の意。オオハムに比べると繁殖羽（夏羽）の襟の部分、つまり項《うなじ》（後頭部から後頸部）が白っぽいことによる。

オオマシコの雄。額と喉は光沢がある銀白色

オオマシコ

大猿子

英名：Pallas's Rosefinch

学名：*Carpodacus roseus*

科属：アトリ科オオマシコ属

全長：17cm

時期：冬鳥

「まし」はサルの古名。ニホンザルの顔のように、体が赤い鳥だから。

ハギマシコ、オオマシコ、ギンザンマシコ、ベニマシコのマシコは「猿子」と書き、サルの古名に由来する。これら4種は分類学上はそれぞれ別の属であるが、どの種の雄も、顔、頭部、胸腹部などの羽色が紅色。この特徴から、赤い顔のニホンザルにたとえた名前である。「猿」の古語がなぜ「まし」であるのか、その語源は不詳。

これらの種は江戸時代に区別され、今の和名かそれに近い名で呼ばれている。どの種も、雌の羽衣《うい》は雄とは異なり、紅色が少ないか、まったくなく、全体として褐色である。

ベニマシコ（紅猿子）は北海道の原野で繁殖し、主に本

オオマシコの雌。全体に褐色味がある

ギンザンマシコ

ギンザンマシコの雄。頭部から胸と腹上部は赤く、黒く細い斑がある。胸側から脇腹と下腹部は黒灰色

ギンザンマシコの雌

ハギマシコ

ハギマシコの雄。頭部は灰黒色で、後頭から後頸と頸側は黄褐色。背と肩羽、小翼羽の一部は黒褐色で、バフ色の羽縁がある。頬部は黒っぽい

ハギマシコの雌

ベニマシコ

ベニマシコの夏羽雄。頭からの上面は白っぽく、黒褐色の縦斑があり、紅色味がある。顔の前面と頸側には紅色の部分がある

ベニマシコの冬羽雌

州以北の平地で越冬。数の多い鳥ではない。江戸時代には、美しい雄は照《てり》ましこと呼ばれた。オオマシコは、多くはないが冬鳥として渡来。ベニマシコに比べて体が大きいので「大猿子」である。ハギマシコ（萩猿子）は年により、主に本州の平地から山地でかなり大きな群れで越冬する冬鳥。胸腹部に白や淡い紅色の斑が密にあり、これをハギの花にたとえた名前。ギンザンマシコ（銀山猿子）は、北海道の大雪山山地やそのほかのハイマツ帯で繁殖し、主に北海道の平地で越冬する。銀山は地名（現在の後志《しりべし》総合振興局仁木町）による。

オオミズナギドリ

大水薙鳥

英名：Streaked Shearwater

学名：*Calonectris leucomelas*

科属：ミズナギドリ科オオミズナギドリ属

全長：49cm

時期：留鳥

頭には褐色地に白い斑が胡麻塩状に入る。嘴はピンク色がかった鉛色で、先は黒っぽい

餌を求めて波間を飛び回る

荒波を翼で薙《な》ぎ切るように、海面すれすれを滑翔《かっしょう》する様子から「水を薙ぐ鳥」。

ミズナギドリ目は海鳥を代表する1グループで、アホウドリ科13種、ミズナギドリ科64種、ウミツバメ科20種、モグリウミツバメ科4種からなる。

ミズナギドリは漢字では水薙鳥。水凪鳥とする見解があるが、水凪鳥とする意味が明らかでないので、私は納得できない。なぜなら「凪《な》ぐ」とは、「風がやんで、水面が穏やかになること」である。

一方「薙《な》ぐ」とは、「刀や鎌を素速く横に振って、草などを切ること」である。『古事記』に「草那藝の大刀」とあるように「薙(那藝)ぎ」

は古い言葉である。

数百、数千羽のミズナギドリ類の群れがべた凪ぎの海域に浮かんで休んでいるのは、何度も観察したことがある。しかし、ミズナギドリ類の特徴は、荒海をものともせずに海面の気流を巧みにとらえて、体を左右に傾けながら、片方の翼の先で波頭を切るように、海面低くを滑翔《かっしょう》することである。これから「薙ぐ」を用いた水薙鳥が適切であると思う。

ミズナギドリ類（科）の総称英名はShearwater。shearとは、大きな刃の挟みで羊の毛を刈ること。この英名も上述の「翼で波頭を切ること」によるのだろう。

オオヨシキリ

大葦切、大葭切

英名：Oriental Reed Warbler

学名：*Acrocephalus orientalis*

科属：ヨシキリ科ヨシキリ属

全長：18cm

時期：夏鳥

嘴の基部に髭状の羽がある（撮影：安部）

「ヨシに限って」巣をかけるので「葦《よし》切」。
「きり」は限定された物事を表す助詞。
「これっきり」の「きり」。

ヨシにとまり、大きな声で「ギョギョシ、ギョギョシ、ギョギョシ」と囀る鳥のことは、古くから知られていた。もちろん、この鳥は「行行《ぎょうぎょう》子《し》」「葦原雀《よしはらすずめ》」という俗称のあるオオヨシキリである。ヨシキリは「葦切」と書く。その理由は「ヨシの茎に穴をあけて、中にいる虫を食べるから」だと、疑いもなく信じられているようである。

私はこの説には異議がある。右記の習性はオオヨシキリではなく、冬期のツリスガラやオオジュリンのものである。ヨシキリは「ヨシを切る」ではなくて、「ヨシに限《かぎ》る」、「ヨシ限り」だろう。囀

ヨシ原にほぼ依存して生活する

口の中は赤みがある（撮影：安部）

るときは、もちろん、ヨシ原のそばにあるヤナギ類や丈の高い草類にもとまるが、ヨシ群生地を繁殖地とし、そこに営巣する環境選好性が極めて強い。つまりヨシ限り、これが語源であろう。

オオルリ

大瑠璃

英名：Blue-and-white Flycatcher

学名：*Cyanoptila cyanomelana*

科属：ヒタキ科オオルリ属

全長：16cm

時期：夏鳥

オオルリの雄。額は光沢のある瑠璃色

雄は美しい瑠璃《るり》色の鳥。
瑠璃は仏典でいう七宝のひとつ。
卵を守る雌は地味な茶色。

日本に棲息する鳥で、名前に瑠璃《るり》がつくのは、このページの3種とルリカケスである。瑠璃とは仏典でいう七宝《しっぽう》のひとつである宝石のことで、また、その石の色である紫味のある青のことをいう。ちなみに経典により多少異なるが、七宝とは金、銀、瑠璃、硨磲《しゃこ》（熱帯、亜熱帯の海に棲息する大形の二枚貝シャコ。または、インド産の宝石）、玫瑰《まいかい》（赤色の美しい石）、瑪瑙《めのう》、珊《さん》瑚《ご》（あるいは真珠）のこと。

オオルリ、コルリ、ルリビタキ3種は雌雄異色で、瑠璃色の羽色が美しいのは雄の成鳥である。名前はこの羽色による。雌は体のごく一部に青

コルリ

頭からの上面は暗青色。淡い青色の眉斑らしきものがあり、目先から頸側、胸側にかけ黒線がある。体下面は白い

オオルリの雌。全体が褐色の羽衣

ルリビタキ

頭部からの上面は青色。風切は黒褐色で、外縁は褐色と青色。眉斑は白いが、眉斑の小さい個体やない個体もいる

色の羽毛があるか、あるいはまったくなく、地味な羽《う》衣《い》である。なお、3種ともいい声で囀る。

オオルリ（大瑠璃、全長16cm）とコルリ（小瑠璃、*Luscinia cyane*、全長14cm）の名前は、この2種の体の大小関係による。ルリビタキ（瑠璃鶲、*Tarsiger cyanurus*、全長14cm）は瑠璃色の鶲《ひたき》。

およそ10年前には、オオルリはヒタキ科、コルリとルリビタキはツグミ科であったが、以後、3種ともヒタキ科になった。

オグロシギ

尾黒鷸

英名：Black-tailed Godwit

学名：*Limosa limosa*

科属：シギ科オグロシギ属

全長：38cm

時期：旅鳥

オグロシギの夏羽。頭部から頸、胸は淡い橙色で、頭から頸に細かい黒褐色の縦斑がある

幼鳥の群れ

飛んでいるとよく目立つ、黒い尾羽が名前の由来。

日本に分布するオグロシギ属 *Limosa* のシギは、本種とオオソリハシシギで、英名は Black-tailed Godwit と Bar-tailed Godwit。これらの英名は両種の尾羽の斑紋の相異と特徴を表現した名前である。もちろん、本種の和名も尾羽の特徴による。

翼をたたんでいる姿勢では、尾羽の大部分は翼の下に隠れているので、黒い尾羽の特徴はほとんど見えない。しかし飛んでいると、翼の白帯とともに黒い尾羽がよく目立つ。両種とも春秋の渡りの時期に、海岸の干潟、水の張ってある休耕田、湿地などに見られる旅鳥である。

オシドリ

鴛鴦

英名：Mandarin Duck

学名：*Aix galericulata*

科属：カモ科オシドリ属

全長：45cm

時期：留鳥または冬鳥

羽衣は複雑な色模様

雄にくらべてずっと地味

雌雄の仲が良く、寄り添うようにして休むことが多い。「雌雄相愛《を》し」からオシドリ。

オシドリの語源は『大言海』にあるように「雌雄相愛《を》し」であるというのが定説。古くから「をし」「をしどり」と呼ばれていた。たとえば『万葉集』巻十一、2419「妹に恋ひ寝《い》ねぬ朝明《け》にをしどりのここゆわたるは妹が使か」とあり、「をしどり」は原文では「男為鳥」。巻三、258「人こがずあらくも著《しる》し潜《かづき》する鴛鴦《をし》とたかべと船の上に住む」では、原文は鴦である。ちなみに「たかべ」は「高部」で、コガモとされている。『日本書紀』孝徳天皇の条に「山川に鴛鴦《をし》ふたつ居《い》て偶《たぐい》よく偶《たぐ》へる妹を誰か率《い》にけむ」とある。『和名抄《わみょうしょう》』には、「鴛鴦……和名は乎之《をし》……雌雄いまだかつて相離れず、人がその一羽をとってしまうと相手の一羽はそれを思い死んでしまう。故に匹鳥と名づけられている」とある。

「匹」とは、「つれそふ、つれあい」の意味である。

オジロワシ

尾白鷲

英名：White-tailed Eagle

学名：*Haliaeetus albicilla*

科属：タカ科オジロワシ属

全長：89cm

時期：冬鳥、小数留鳥

オ

雌雄同色。全体が褐色で、頭部から頸は白っぽい。尾羽は白い。足は黄色

オジロワシ（右）とオオワシ（左）

上昇気流を利用して、くるりと輪を描くように飛ぶ。「ワ」をなすからワシ。

日本では鎌倉時代以後、箭《せん》羽《う》（やばね）用にワシ・タカ類の尾羽が使われ、珍重された。成鳥羽の個体ならオジロワシとオオワシの区別は容易である。両種とも完全な成鳥羽になるのは生後6、7年であるが、尾羽の枚数がオジロワシは12枚、オオワシは14枚であることも関係して、両種は明らかに区別されていた。体の大きさは、オジロワシは89cm、オオワシは95cm、両種とも翼を広げると2mを超える大きな鳥である。

ワシの語源については諸説がある。『万葉集』巻九、1759「鷲の住む筑

オオワシ

ほぼ全体が黒く、小雨覆、翼角、小翼羽、頸羽はまっ白で目立つ。額は白く、頭頂から後頸、頸には白い軸斑がある

波の山の」の原文は鷲、巻十四、３３９０「筑波嶺にかか鳴く鷲」の原文は和之である。「わし」の起源はこのように古い言葉である（イヌワシ、40頁も参照）。

「トンビがくるりと輪を描いた」と歌われるように、輪を描いて飛ぶのはワシ・タカ類の注目すべき特徴である。

『東雅《とうが》』では「……さらばワシとは其盤り飛ぶ事の車輪の如くなるをや云ふぬらん」と示唆している。盤は「めぐる」という意味。

　吉田金彦編著『語源辞典・動物編』は「……ワ（曲）シ（是・指）、曲《わ》をなすようなもの」と語源を解説している。

黒いベレー帽をかぶったように見える

オナガ

尾長
英名：Azure-winged Magpie
学名：*Cyanopica cyanus*
科属：カラス科オナガ属
全長：37cm
時期：留鳥

オ

尾羽が長いから「尾長」。
昔はユーラシアに広く分布していたが、
氷河期を経て東西の端にだけ残った。

オナガの名は「尾羽の長い鳥、尾長鳥」の略。尾長と書く。

オナガドリはニワトリの品種のひとつ。国指定の天然記念物、日本鶏「尾《お》長鶏《ながどり》」のこと。

オナガはカラス科オナガ属、1属1種、9亜種に分類されている。ユーラシア大陸東端の中国東部、朝鮮半島、日本と同じく西端のイベリア半島のみに分布。

オナガの学名は*Cyanopica cyana*。cyanaはギリシャ語のkuanos（暗青色）、picaはカササギの属名、カササギのこと。すなわちオナガの学名は「暗青色のカササギ」の意。カササギ（*Pica pica*）の英名はMagpie。オナガの英名はAzure-winged Magpieで、つまり「青色の翼のカササギ」である。

オバシギ

姥鷸

英名：Great Knot

学名：*Calidris tenuirostris*

科属：シギ科オバシギ属

全長：27cm

時期：旅鳥

オバシギの幼鳥。秋の渡りの時期には幼鳥が多い

オバシギの夏羽。上面に赤褐色の羽が見られる

腰を丸めたような太めの体型、ゆったりとした動作からおばあさん（姥《うば》）を連想したのだろう。

本種はロシアの北東部とアラスカ西北部で繁殖し、日本では旅鳥として春秋の渡りの時期に見られる。

江戸後期の『重訂本草綱目啓蒙』に、シギの種類として「ヲハシギ」「尾羽シギ」の名がある。しかし、このどれが今のオバシギなのかは分からない。のちに漢字では姥鷸、尾羽鷸と書くようになった。オバシギの名の語源については説も少ない。尾羽鷸と書くからには、その尾羽の特徴によるものと思われるが、そのような特徴はない。姥の訓読みは「うば」で、「老女」のこと。このシギは、ほかのシギに比べると、採食中も休息中も人おじせず、ゆったりした動作である。また、シギ類としては嘴も首も特に長いわけではなく、胴体は太めである。このような習性や体型から「姥のようなシギ」「オバあさんシギ」なのであろうか。

カイツブリ

鳰、鸊鷉（へきてい）

英名：Little Grebe

学名：*Tachybaptus ruficollis*

科属：カイツブリ科カイツブリ属

全長：26cm

時期：留鳥

抱卵中の親鳥。巣は浮いているように見える

水を掻《か》いて潜ることから命名。
古名「にほ」も「水に入る鳥」という意味。

カイツブリ科は20種からなり、総称名はカイツブリ。日本にはカイツブリの名のつく鳥が5種いる。一番小さいのが種カイツブリ、それより少し大きいのがハジロカイツブリとミミカイツブリである。カンムリカイツブリとアカエリカイツブリはこれら3種よりもずっと大きい。ハジロカイツブリとミミカイツブリは冬鳥で、主に沿岸海域に棲息する。しかし、渡来数は多くない。

「かいつぶり」の古名は「にほ」「にお」「にほどり」といわれている。『万葉集』には7首詠まれていて、この鳥は原文では「二寶鳥」「爾保鳥」

水辺に垂れ下がった枝を利用してつくった巣

カイツブリの親子。孵化してから10日間ほどは、雛を背中に乗せることがある

群れには若鳥が多い

「爾保杼里」「柔保等里」の字で表記されている。これらの歌の内容からでは、どの種を指しているのか正確には分からないが、種カイツブリと思われるものもある。

カイツブリ類の漢字は鸊《へき》鷉《てい》。現在、中国の鳥類学でもこの漢字を使っている。書くのも難しいこの漢字が奈良時代以後、日本でどのように使われてきたのだろうか。現在では鳰が「かいつぶり」である。この字は入と鳥を合わせて作った国字である。室町時代の『壒嚢《あいのう》集』にはこの字があるが、同時代の『増補下学集』にはない。この頃に作られた文字なのだろうか。

「かいつぶり」と「にお」の語源についてはいくつか説がある。最も妥当と思えるのは、『東雅』と『大言海』によるものである。「かいつぶり」の項には、「搔きつ潜りつノ音便約略ナラムカ、或は、つぶりハ水ニ没スル音カ、鳰ハ、入鳥ノ合字、古クハ、ミホ又、ニホ」とあり明解である。「にほ」「にお」は、「水に入る鳥」の転訛、略。

コナラをくわえて運ぶ

カケス

樫鳥、橿鳥

英名：Eurasian Jay

学名：*Garrulus glandarius*

科属：カラス科カケス属

全長：33cm

時期：留鳥

翼の一部には青と黒の模様が目立つ

鳴き声から「ガース」「ガエス」などの地方名があり、それが和名の由来。古名「かしどり」はカシなどのどんぐりを好んで食べることから。

カケスの語源は中西悟堂「野鳥の名」にあるように、その鳴き声による。ごく普通に聞かれる鳴き声は、「ジェー」「ガー」「ギャー」などと記せる声で、晩秋や冬の静かな山で、よく響く。中西があげている方言名を数例だけ次に記した。「ゲーゲー」（新潟県岩船郡）、「ガース」「カヤス」「ガシ」（いずれも奈良県吉野郡）、「ガエス」（千葉県安房郡、同君津郡）。鳴き声をとった、これらの方言からカケスと名づけられたのだろう。「ス」は鳥を意味する接尾語である。よい名である。この名がいつ頃からよく使われたのか明らかではない。

ところで「掛巣」とか「懸巣」と書くのは誰の仕業だろう。この漢字表記から、この鳥の生態や巣造りと結びつかない奇妙な語源説が出されている。

カシラダカ

頭高

英名：Rustic Bunting

学名：*Emberiza rustica*

科属：ホオジロ科ホオジロ属

全長：15cm

時期：冬鳥

カシラダカの夏羽。頭は黒くて目の上に白い線がある

カシラダカはホオジロ類の小鳥。バードウォッチングを始めたばかりの人や一般の人に、この鳥の名前を尋ねられ、「カシラダカです」と答えると、「鷹なのですか」とまた尋ねられることが少なくない。

雌雄や年齢に関係なく頭頂部の羽をよく立てる

緊張すると頭の羽毛が逆立って、頭の高さが高くなるので「頭高」。タカとつくが、鷹ではない。

囀っているときやちょっと緊張したり、警戒したりすると頭の羽毛を立てるので、頭高と命名された。

冬鳥として主に本州、四国、九州に渡来し、越冬する。渡来、越冬期間には群れになり、秋の渡来期には山地の広葉樹林にも普通に棲息し、越冬期には低地の丘陵地、農耕地、ヨシ原などに棲息している。ごく普通に見られる鳥だったが、約30年前から渡来数が明らかに減少している。冬羽は雌雄ほぼ同色で、全体として地味な褐色の羽衣《うい》。繁殖羽の雄は、頭部が褐色味のある黒色になり、白い側頭線も目立つ。

雄は嘴の基部から目の周りが青く、雌では黄色い

カツオドリ

鰹鳥

英名：Brown Booby

学名：*Sula leucogaster*

科属：カツオドリ科カツオドリ属

全長：69cm

時期：留鳥

カツオドリの雌と雄

カツオなどの魚群の上で群れ、魚の居所を教えてくれるから「鰹鳥」。

カツオドリ類はペリカン目カツオドリ科の9種からなる大型の外洋性の海鳥。日本にはカツオドリ、アカアシカツオドリ、アオツラカツオドリの3種が分布している。

カツオドリの漢字表記は鰹《かつ》鳥《おどり》。「カツオの居所を教えてくれる鳥」の意。カツオをはじめ、魚類のなかには群れをつくり、日中に小魚を追って表層に現れ採食するものがいる。カツオのような大型の魚種に追い上げられた小さい魚の群れを狙って、カツオドリなどの魚食性の海鳥類が集まってくる。魚食性の海鳥類がついている魚群を「鳥つき群」という。漁師はカツオやマグロなどの群れの存在を知らせてくれる鳥を「鰹鳥」と呼んでいる。この「鰹鳥」には、実際にはカツオドリだけではなく、ミズナギドリ類（68頁）やそのほかの海鳥も含まれている。

カッコウ

郭公

英名：Common Cuckoo

学名：*Cuculus canorus*

科属：カッコウ科カッコウ属

全長：35cm

時期：夏鳥

カッコウの幼鳥（左）と仮り親のオオヨシキリ（右）

**名前は鳴き声からつけられた。
日本人が聞いてもカッコウ、
欧米人が聞いてもCuckoo。
東西共通の名前はめずらしい。**

カッコウの名前は、鳴き声をそのまま写したもの。どの鳥の鳴き声も、たとえ同国人の間でも、さまざまに聴きとられる。まして人種が異なれば、聴こえ方は異なることが少なくない。文字にして表すと、この相異はさらに著しい。たとえばわれわれ日本人には、ウグイスの囀りは「ホーホケキョ」と聴こえ、「法（宝）法華経」と聴きなされている。しかし、このウグイスの囀りも、一部の日本人や外国人の耳には、そうは聴こえていない。

ところが、カッコウの雄が発する典型的といえる鳴き声のひとつは、「カッコウ」と聴こえ、カッコウと記せる。日本だけでなく、ヨーロッパ諸国でもこの名である。オランダ語名はKoekoek、フランス語名はCoucou、ドイツ語名はKuckuck。

カモメの冬羽。成鳥の嘴は全体が黄色い

カモメ

鷗

英名：Mew Gull

学名：*Larus canus*

科属：カモメ科カモメ属

全長：43cm

時期：冬鳥

カモメの若鳥

幼鳥の羽衣《うい》が「籠の目」模様なのが語源。喧《かしま》しく（カマ）群れ（メ）で鳴くのが語源という説もある。

カモメはカモメ科の鳥の総称であり、その1種の名前である。漢字は鷗。種カモメはウミネコ（54頁）より少し小さく、主に本州から九州の沿岸に渡来する冬鳥。

かもめの語源として、次の説が妥当と思える。①カモメ類の幼鳥の羽衣《うい》は全体として褐色で、明暗の斑紋がある。これを籠《かご》の目に見立ててかごめと命名。これはよく知られた従来の説である。②吉田金彦編著『語源辞典・動物編』の新説では、かものカマは「囂《かまびす》し」、メは「ムレ（群れ）」の約で、「喧《かしま》しく鳴きながら飛び交っているさま」による。カモメの米名はMew Gull。mewはネコの鳴き声「ニャー、ニャー」の擬音語で、ウミネコと同様の命名である。鷗《おう》という字も、「オウーオウー」という鳴き声の擬音語である（藤堂明保『漢字の話』）。

カヤクグリ

萱潜、茅潜

英名：Japanese Accentor

学名：*Prunella rubida*

科属：イワヒバリ科カヤクグリ属

全長：14cm

時期：留鳥

腹部は全体に暗灰色

カ

カヤクグリの若鳥

群れをつくらず、草むらに潜ってひっそり暮らしているのが語源。姿を見るのも大変。

カヤクグリは日本の準固有種。日本と南部千島列島のみに分布する。北海道と本州中部以北の主に亜高山、高山帯の低木帯やハイマツ帯で繁殖し、非繁殖期は主に低山や平地で越冬する。ハイマツ帯で囀る雄は観察しやすいが、個体数は多くはない。羽色は地味で、越冬期も群れにならずに静かに暮らす目立たない鳥である。

漢字では茅潜あるいは萱潜と書く。おそらく本種の非繁殖期の生態による名前であろう。一般にカヤ(茅)とはススキ類のことであるが、ススキ類の草むらだけに潜んでいるということはない。

私の観察では、冬期は林から出てきて林縁の草むらのなかで採食したり、林縁にある畑の地面で小昆虫を採食したり、山間の小河川の河原の草むらなどで採食している。

「から」の語源

「から」は山棲みの〝はらから〟すなわち、同胞、兄弟という意から。

ヒガラ

コガラ（122頁）

従来の説と私の頭のなかにずっと前から自然に入っている説とはかなり異なるので少し詳しく述べることにする。

シジュウカラ科のヒガラ、コガラ、ハシブトガラ、シジュウカラ、ヤマガラなどは「カラ類」と呼ばれている。つまり、「から」はシジュウカラ科の鳥の俗称である。

カラの語源について、これまで次のように述べられている。

①柳田国男は「雀をクラといふこと」（「野鳥雑記」に収録されている）のなかで次のように記している。長くなるが、そのまま引用する。「……シジュウカラ（四十雀）なども何れの辞書にも説明に困って居るが、単にシジュウと啼くクラという迄で、それによく似た五十雀・山雀・小雀、何れも雀の字をガラと訓んで居るのは、クラの原一つであると見て大抵誤りはあるまい」。

②吉田金彦編著『語源辞典・動物編』は、「カラは小鳥の総称（柳田国男・野鳥雑記）というのが正解である。カラはツバクラメなどのクラと同じ」と。

ヤマガラ（256頁）

ゴジュウカラ

シジュウカラ（148頁）

③菅原浩・柿沢亮三編著『鳥名の由来辞典』は「〝から〟はヤマガラ、コガラ、ヒガラ、シジュウカラ等、よく囀る小鳥類の意であろう」としている。

私説は次のようである。まず、⑴前述のシジュウカラ科の鳥は、山棲みの鳥どもである。⑵これらの種は、非繁殖期には普通に混群になることがある（混群になるとは、異なる種が混ざって一緒の群れを形成すること）。⑶つまり、これらの鳥どもは、「山棲みの〝はらから〟すなわち、同胞、兄弟である」。⑷〝はらから〟の〝から〟すなわち、同じ山棲みの〝族・柄〟というのが語源であろう。

そして、この場合、その筆頭は、生態からして、シジュウカラではなくヤマガラ（山柄）である。

ゴジュウカラ（五十雀）は分類学ではゴジュウカラ科であるが、やはり山棲みで、シジュウカラ科の鳥と混群になるので「同族」とみなして、カラの名をもらったのであろう。（写真はすべて安部撮影）

＊

ツリスガラ（旧名はスインホーガラ）とヒゲガラは、かつてはシジュウカラ科であったので、ガラがついている。現在は別の科に分類されている。両種とも森林棲ではない。

カモ類の中では雌雄が見分けにくい

カルガモ

軽鴨

英名：Eastern Spot-billed Duck

学名：*Anas zonorhyncha*

科属：カモ科マガモ属

全長：61cm

時期：留鳥または冬鳥

一般にカモ類は冬鳥。ところがこのカモは、夏でも「軽池」に見られたので「軽鴨」。

軽鴨という漢字名は朝鮮、中国での名ではなく、日本名である。語源は難しく、「軽という地名に由来する」という説しかない。この説の根拠は、『万葉集』巻三、390、譬喩歌の最初の一首、天武天皇の皇女である紀皇女《きのひめみこ》の御歌一首の「軽の池の汭《うら》廻《み》行き廻《み》る鴨すらみ玉藻《たまも》のうへに独宿《ね》なくに」である。玉藻の玉は美称。「軽の池」に藻が生えているのだから季節は夏である。この季節に見られるカモ類は冬鳥のカモ類ではなく、「この季節にも棲息する鴨」である。そしてこのカモは、池の名前の「軽」をつけて軽鴨、今のカルガモであろうとされている。

『日本書紀』応神天皇十一年冬十月の条に「剣池《つるぎのいけ》、軽池《かるのいけ》、鹿垣池《かのかきのいけ》、廐坂池《うまさかのいけ》を造った」という記述がある。この軽池が、上述の軽の池であろう。「軽」の地名は『日本書紀』懿徳天皇二年、応神天皇十五年、雄略天皇十年、欽明天皇二十三年、推古天皇二十年、天武天皇十年の条にある。「軽の地」の所在地は現在の奈良県橿原市大軽町とその付近とされている。

「カモ」の語源は232頁参照。

カワガラス

河烏

英名：Brown Dipper

学名：*Cinclus pallasii*

科属：カワガラス科カワガラス属

全長：22cm

時期：留鳥

カ

羽衣は全体的にチョコレート色

渓流の流れに潜水して獲物を探すカラスだから「河烏」。

カワガラスはスズメ目カワガラス科（5種）の鳥の総称、また、日本にも分布する種カワガラスの和名。漢字名は河烏。

この種は主に山間の渓流や樹林地を流れる河川に棲息し、全身が黒褐色なので、この名前である。日本では北海道から屋久島に分布し、ほぼ留鳥として棲息している。スズメ目の鳥としては極めて特異な例である。潜水して水棲昆虫類の幼虫、小魚、魚卵などを捕食して生きている。流れのある川に潜り、川底に留まったり、水中を素速く移動したりするので、趾《し》（足の指）の握力は強く、爪も鋭い。

英名はBrown Dipper。つまり「褐色のカワガラス」。Dipperはカワガラス類の総称。このdipは「ちょっと水に浸す、潜る」という意味である。

エビをくわえている

カワセミ

翡翠

英名：Common Kingfisher

学名：*Alcedo atthis*

科属：カワセミ科カワセミ属

全長：17cm

時期：留鳥

鳴き声「そび」「せび」から「せみ」になり、川などの水辺にいるのでカワセミという名前になった。

カワセミはブッポウソウ目カワセミ科（約90種）の総称、また、種カワセミの名前。現在、日本にはヤマセミ属1種、アカショウビン属2種、カワセミ属1種が分布。中国にはカワセミ科の鳥は11種も分布。

古文書にさまざまな漢字で記述されていて、また方言も多いことがカワセミ類の名称の由来、起源の考察を複雑にしている（21頁参照）。

現在、日本ではカワセミ類に翡翠の字を用い、種カワセミの漢字もこの字を使う。中国の鳥類学でもカワセミ科は翡翠科であるが、ヤマセミ類には魚狗を用いている。この漢字名は古文書に見られる。

本居宣長の『古事記伝』では、「曾比《そび》、少微《せうび》、世美《せび》などは、みな蘇爾《そに》の訛れるなり」という。セミは、もちろん、これらの語の転訛。

「曾比」が種カワセミの古語なら、その語源は、この鳥がよく発する「チッツー」の擬声語か。アカショウビンの「しょうびん」はカワセミ科の一部の総称である。アカショウビンの特徴である「ピョロロロ」あるいは「キョロロロ」という囀りが、「少微、少微」とも聴きとられて「しょうびん」になったのであろうか。

キクイタダキ

菊戴

英名：Goldcrest

学名：*Regulus regulus*

科属：キクイタダキ科キクイタダキ属

全長：10cm

時期：留鳥

前頭から頭頂には黄色の部分があり、その中央に隠れるように赤い頭央線がある。黄色の左右外側は黒線となる

♂

頭央部の黄色の羽毛を、頭の上にキクの花を戴《いただ》いた状態に見立てた名前。

キクイタダキは、文字どおり菊戴と書く。きれいな名前のかわいい小鳥である。

雌雄とも頭央部の羽毛が黄色。ふだんはあまり目立たないが、雄では、この黄色部の中央に赤橙色の羽毛がある。

この黄色の羽毛を菊の花（舌状花）に見立てて、「頭上に菊を戴いている鳥」と命名された。

英名はGoldcrest。crestは鳥の冠羽のこと。つまり「黄金色の冠羽」のある鳥である。

ヨーロッパ西部には本種と近縁種のマミジロキクイタダキ（*Regulus ignicapillus*、眉白菊戴）も棲息している。この鳥には白い眉線があるので眉白という。雄の冠羽では表面に出ている羽毛も炎のように鮮やかな濃い橙色なので、英名はFirecrestである。

なお、「きくいただき」を菊載と書くのは誤り。載《のせ》る、ではない。

日本の国鳥である

キジ

雉

英名：Common Pheasant

学名：*Phasianus colchicus*

科属：キジ科キジ属

全長：58cm（雌）、81cm（雄）

時期：留鳥

雪の中では目立つ羽衣

雉という漢字の「隹」は「とり」のこと。つまり雉とは「矢のように飛ぶ鳥」という意味。

キジの古称について『大言海』をみると「きぎハ鳴ク声、ききん、今けんけんト云フ、しハすト通ズ、鳥ニ添フル一種ノ音……（略）……きぎし、きぎすト転ジ、今ハ約メテきじトナル。」とあり、「きぎしハ雉ノ古名」とはっきり記してあり、これが定説である。

奈良時代から漢字の雉がよく使われている。たとえば『万葉集』では、雉を使っている歌が6首、吉藝志《きぎし》は1首である。『古事記』上巻、歌謡二では「……青山に鵺《ぬえ》は鳴きぬ、さ野つ鳥　雉はとよむ……」とあり、この「雉《きぎし》」は原文で岐藝斯《きぎし》である。

『日本書紀』皇極天皇三年六

羽をバタつかせて母衣をうつ（ドラミング）

月の条に「このころ謡歌《わざうた》が三首はやった。……その第二、彼方《をちかた》の浅野の雉　響《とよも》さず……」の「雉」は、原文では枳枳始《きぎし》である。

これらの例から、「きぎし」と呼ばれていた鳥は「雉」と同じとされている。『和名《わみょう》抄《しょう》』には「雉……和名木々須《きぎす》、一云木之《きじ》……野鶏也」とある。

漢字の雉は藤堂明保『漢字の話』によると、「隹」（とり）と字音を表す音符「矢」からなる文字である。矢は直線状に数十m飛んで地に落ちる。つまり雉とは「矢のように飛ぶ鳥」という意味である。特に雄キジの飛び方をよく表している。

キジバト

雉鳩

英名：Oriental Turtle Dove

学名：*Streptopelia orientalis*

科属：ハト科キジバト属

全長：33cm

時期：留鳥

キ

以前は「ヤマバト」と呼ばれていた

雨覆《あまおおい》と肩羽の模様が雌のキジに似ているから。
また、全身の羽色が木地を思わせるので「きじばと」。

キジバトの古名は土塊鳩《つちくればと》。土塊は『和《わ》名抄《みょうしょう》』によれば「つちくれ」と読み、土の塊のことである。

壌鳩《つちくればと》と書かれることもある。壌は「土」「耕作に適した土」のこと。つまり壌鳩も土塊鳩も、地味な羽色で丸っこい体形をしていることによるのだろう。

定説とされているキジバトの語源は、羽毛の色や斑がキジに似ているからであるという。したがって、漢字名も雉鳩である。

もう少し分かりやすくいうと、その羽毛が雌のキジの羽毛に似ていることからの命名である。確かに、キジバトの

リュウキュウキジバト

胸はキジバトよりも濃色。翼長と尾羽が短い。
全体にキジバトより暗色

キ

雨覆《あまおおい》と肩羽《かたばね》の斑や模様は雌のキジに似てはいる。

しかし私は、キジバトの羽《う》衣《い》は全体的に地味だが、落ち着いた色合なので、「生地」あるいは「木地」に通じるところがあり、それ故、「きじばと」であろうと思う。

リュウキュウキジバトの成鳥

キジバトは日本全国の平地の住宅地域から低山地まで広く棲息している。その鳴き声は「デデ、ポーポー」と聴きなされている。私には、漢字で表すると「九ー九、空空」とも聴こえる。漢字「鳩」はその鳴き声によるもの。音符の九に鳥を合わせた字。

リュウキュウキジバト（琉球雉鳩）はキジバトの別亜種。奄美諸島以南で繁殖し、沖縄県先島諸島の樹木がほとんどない珊瑚礁の小島では、地上でも営巣している。

羽色はキジバトに比べて全体的に濁った色彩で、胸腹部の羽色もキジバトと異なり、美しいブドウ色味はない。

ほとんど水辺で生活する

キセキレイ

黄鶺鴒

英名：Grey Wagtail

学名：*Motacilla cinerea*

科属：セキレイ科セキレイ属

全長：20cm

時期：留鳥

尾羽を上下に振り、イザナギ、イザナミに性交を指南する「嫁ぎ教え鳥」。

　セキレイの古称は「にはくなぶり」「まなばしら」「とつぎおしえとり」など。

　『和名抄《わみょうしょう》』の「鶺鴒」の項には「積霊《せきれい》の二音。あるいは鶺鴒と作る。和名は爾波久奈布《にはくなふ》里《り》、日本書紀には止豆木乎之閉止里……」とある。

　『日本書紀』神代上、イザナギの尊《みこと》とイザナミの尊の二柱の神の「国生み」の項、一書（第五）には「……ついに合交せむとす。しかし、その術を知らず。その時、鶺鴒飛来し、その首尾《かしらお》を揺す。二の神、これを見習い、交《とつぎ》の道を知る」と記されている。これから「嫁ぎ教え鳥」といわれる。

　キセキレイは胸腹部、腰の黄色による名。英名は背中の灰色による。ツメナガセキレイ（*M. flava*）は長めの爪による名。英名はYellow wagtail。胸腹部の黄色による名。

　セキレイという名は、漢字の鶺鴒を音読みしたもの。中国の鳥類学でも鶺鴒科と書く。一般にセキレイ類と呼ばれる鳥は、スマートで尾が長く、腰と尾を上下に軽快に振る習性がある。

キセキレイの夏羽雄。喉は黒く、体下面は鮮やかな黄色

「きつつき」の由来・語源

キツツキ類の鳴き声、木をつつく音によるとする説に私は賛成である。

「きつつき」の語源、由来については諸説がある。その古名は、テラツツキからケラツツキ、キツツキと変化した。平安時代初期の字書、昌住著『新撰字鏡』の享和本では、「啄―寺豆支（てらつき）、天治本では、鴷《れつ》―啄木鳥寺豆支。少し後の、源 順撰『和名《わみょう》抄《しょう》』（『倭名類聚鈔』の略称）では、劉木―爾雅《じが》集の注に云う劉木、一名鴷、レツ、和名天良豆豆木（てらつつき）」とある（『爾雅』は古代中国、周代の字書）。江戸時代当初に出た『日葡《にっぽ》辞書』では、片仮名で表記するとテラツツキとクェラツツキとがある（この邦訳ポルトガル語辞書から、室町後期から江戸初期にどんな日本語が使われていたか推察できる）。やはり江戸時代初期の人見必大著『本朝食《ほんちょうしょっ》鑑《かん》』では、「斲木鳥―天良豆豆木（てらつつき）と訓む、今では木豆豆岐（きつつき）という」と記し、さらにキツツキの種類にもふれている。

斲（タク）は「きる、削る」の意。啄は「ついばむ、嘴で物をつついて食う」の意。

啄木（鳥）、斲木つまりキツツキについては、その生態から容易に理解できる。

次に「てら」「けら」である。大槻文彦著『大言海』では、「てらハ取ニテ、虫ヲ取ランノ意。テラツツキ転じてケラツツキ。略してケラ」と、きわめて簡明な解説である。新井白石は「ケラツツキ……転じてテラツツキ……ケといいテというは即ち轉声なり」（『東雅《とうが》』）と。

キツツキ類の鳴き声、木をつつく音によるとする説に私は賛成である。

たとえばアカゲラ、アオゲ

ラとも種に特有の鳴き声があるが、〝ケラ〟は、ごく普通に発する「キョキョ、ケッケッ」系の鳴き声や軽度の警戒、興奮、驚きなどの状況下で発する「キャラララ」系の鳴き声によるもの。あえて言えば、〝テラ〟は、ドラムを打つ音「ドラミング(drumming)」、あるいはドラムをドンドン、コッコッとたたく音「タツーイング(tattooing)」にたとえられている、ごく普通に聴かれる木をたたいて発せられる連続音を「テラララ」と聴きなしたのだろう。

　テラツツキ(寺つつき)については、面白い説話がある。鎌倉時代前期、『平家物語』とほぼ同じ頃の作とされる『源平盛衰記』の「守屋啄木《けらつつ》鳥《き》となる事」という話である。一部要約すると、「昔聖徳太子の御時、太子は仏法を興し、物部守屋はこれに背いた。太子は天王寺を建立された。守屋の怨霊は数千万羽の啄木鳥になって、堂舎をつついて亡ぼそうとした。太子は鷹に変身して、この啄木鳥を降伏された。それで、今の世まで天王寺には啄木鳥が来ることはない、といわれている」。

　キツツキが建物をつつくのは、よくあること。私がかつて研究地にしていた神奈川県箱根のある地域では、別荘地域の木製の雨戸をアカゲラ、アオゲラがつつき回り、放置したら穴だらけになっていた。

　キツツキ類は、自然の朽ち木や枯れ木に潜む蟻、昆虫類などの卵、幼虫、成虫などの食物をこれらの木をつついた時に出る音や感触を手掛かりに、探している。木製の雨戸がよく狙われるのは、うつろな音と感触によるのだろう。さらに、穴を開けて、雨戸板の内側に塒《ねぐら》をとったり、太い木製の電柱や門柱に巣穴をほって営巣することもある。

　このような事例からして、「啄木鳥が天王寺に飛来して、建物をつついていた」のも十分あり得ることで、上述の話ができても不思議ではない。

身体を伏せると樹の幹と見分けがつかない

キバシリ

木走

英名：Eurasian Treecreeper

学名：*Certhia familiaris*

科属：キバシリ科キバシリ属

全長：14cm

時期：留鳥

キ

羽衣は地味で、体は細く、嘴は湾曲して細い。爪は細くて鋭い。小さい鳥である。

キバシリは木走鳥の略。「走る」には「特定の方向に移動する」という意味がある。

木の幹を下から上に移動する採食動作に由来する。

キバシリはたいがい林内で採食する。採食する樹木はキバシリの体に比べるとずっと太く、樹皮の凹凸が多い。頭を上に向けて樹皮の隙間や裂け目などを探りながら樹幹を螺旋状に下から上に移動して、昆虫やクモ類などを捕っていく。枝が多くなる手前まで登ると、近くの樹木の幹の下のほうに飛び移り、そこからまた同じように、幹を登りながら採食行動を繰り返す。この動作から「木走（鳥）」という名前がつけられた。

なお、「採食」とは「食べ物になる物を探すこととそれを食べること」をいう。

キビタキ

黄鶲

英名：Narcissus Flycatcher

学名：*Ficedula narcissina*

科属：ヒタキ科キビタキ属

全長：14cm

時期：夏鳥

黄色がよく目立つ

火打ち石を打っているような「カッカッ」という鳴き声から「火《ひ》焚《た》き」となった。

　この鳥の雄成鳥は、眉線、腰、喉、胸腹部がきれいな黄色なので「黄色いヒタキ」。「ヒタキ」は「火《ひ》焚《た》き」。「鶲」は漢字である。現在、中国の鳥類学ではヒタキ亜科（ヒタキ科の1亜科とする見解を採用）にこの漢字を用いている。

　種小名 *narcissina* は「鮮黄色」の意。ギリシャ語の narkissos は「麻痺した状態になること」。

　ギリシャ神話の美少年ナルキソス（Narkissos）は「水面に映る自分の姿に恋をし、泉の縁で痩せ細って死んでしまう。その日から泉のほとりに、美しい花が1本咲いた。その花は少年の形見としてナルキソスと呼ばれ、今日までずっと咲いている」と。この花がスイセンである。

　これから英語 narcissus はスイセン。また、スイセン類の総称。なお、ナルシスト（自己陶酔者）もこれに由来する。

　ヒタキの語源はジョウビタキやルリビタキの生態、鳴き声によるものであり、キビタキほかヒタキの名のつくすべての鳥の生態や鳴き声に関するものではない。

キョウジョシギの夏羽雄。顔は複雑な模様

キョウジョシギ

京女鷸

英名：Ruddy Turnstone

学名：*Arenaria interpres*

科属：シギ科キョウジョシギ属

全長：22cm

時期：旅鳥

キョウジョシギの群れ

華やかな夏羽を艶《あで》やかな京都の女性「京女」にたとえた名前。

キョウジョシギは、極北地域に広く繁殖し、日本では春秋に渡来する旅鳥であるが、少数は越冬している。キョウジョシギは京女鷸と書く。この一風変わった名は『本朝《ほんちょう》食鑑《しょっかん》』の鴫《しぎ》の項目にその一種として記述があり、「京女鴫という。これはその美色より名づけられたものであろうか」とある。

確かにこのシギの羽衣《うい》、特に成鳥夏羽は写真で分かるように、赤褐色、黒、白の羽毛が体のいろいろな部分に複数にまざり、シギ類としては独特。短いが鮮やかな朱赤色の脚もよく目立つ。「京女」とは、みやこ京都の女性である。

その語源には別の説もある。キョウジョシギは、「ギョギョギョとかキョキョキョキョ」と聴きとれる独特の短い声を出す。この声を「京女、京女」と聴きなした名であろうと。

キリアイ

錐合

英名：Broad-billed Sandpiper

学名：*Limicola falcinellus*

科属：シギ科キリアイ属

全長：16cm

時期：旅鳥

嘴は基部が太めで、下に少し湾曲する

眉線と頭側線を錐に見立てた。その錐と錐が額で合わさるので「錐合」ではないだろうか。

キリアイは漢字では錐合と書く。この不思議な名前の意味も起源も明らかではない。説もない。

日本に渡来する小型のシギ類は、江戸時代には種としてはほとんど判別されていなかった。キリアイも明治時代以後に命名されたのであろうが、初出文書を見つけ出せない。

Broad-billed Sandpiperという英名のように、嘴の基部の幅は広いが、先端はかなり細めである。個体によっては先端側のおよそ4分の1が、かなり下向に湾曲している。しかし、この嘴の形状は和名とは関係がない。

このシギを観察していて最も目立つ特徴はバフ色の眉線と頭側線の2本の線が上嘴の基部で合わさっていることである。この眉線と頭側部が「錐の先」であり、それらが合わさっているので錐合であろうか。

では、なぜ錐なのだろうか。『角川漢和中辞典』、『大漢和辞典』を開くと「嚢中之錐」という譬《たとえ》がある（嚢は袋のこと）。その意味とは直接関係はないが、眉線と頭側線を大工の道具入れ嚢の口から出ている錐の先としたのかもしれない。

キレンジャク

黄連雀

英名：Bohemian Waxwing

学名：*Bombycilla garrulus*

科属：レンジャク科レンジャク属

全長：20cm

時期：冬鳥

興奮すると冠羽を立てる

ヒレンジャク

尾羽の先が黄色いから「黄レンジャク」、尾羽の先が緋色だから「緋レンジャク」

漢字ではキレンジャクは黄連雀、ヒレンジャクは緋連雀。黄と緋は、両種の尾羽先端部の色に由来する。連雀の雀は、ひろく小鳥類を表す字で、いろいろな種類の鳥に用いられている。雲雀はヒバリ、小雀はコガラなど。連は群れをつくり、連なって飛行したり行動したりする特徴による。

2種とも日本では冬鳥。年により渡来、越冬数にかなり相異がある。このところ全国的な渡来数はヒレンジャクのほうが多いようである。どちらも羽色と姿がよいので、バードウォッチャーに特に好まれている鳥である。

中国には、連雀の雀《じゃく》と同じ

どんなところでも綺麗に並ぶ習性がある

音の鵲（カササギおよび近縁種のこと）類すなわちカササギ属1種、ヘキサン属2種、サンジャク属4種、タイワンオナガドリ属3種ほかが棲息している。このため、『本《ほん》朝《ちょう》食《しょっ》鑑《かん》』ほか古い書物では、鵲類を交えた記述が見られ、やや混乱している。

現在の中国の鳥類学書では、レンジャク類の総称名は「太平鳥」である。これは、どういう意味なのだろうか。漢籍からとった、両種の別名「十二紅、十二黄」は、翼の斑点による（『重訂本草綱目啓蒙』）のではなく、十二枚ある尾羽先端部の色によるものである。

翼を開くと白い翼帯が目立つ

キンクロハジロ

金黒羽白

英名：Tufted Duck

学名：*Aythya fuligula*

科属：カモ科スズガモ属

全長：40cm

時期：冬鳥

短い冠羽がある

キ

金は虹彩《こうさい》、黒は体色、白は翼の白帯。3つ合わせて「金黒羽白」。

キンクロハジロの漢字表記は金黒羽白。羽白は羽白鴨《はじろがも》の略。羽は翼のこと。つまり、翼に幅の広い白帯のある鴨を「ハジロガモ」類という。本種をはじめ、スズガモ属（*Aythya*）のカモでは、次列と初列風切の白色部が帯状になっていて、飛ぶとこの白帯がよく目立つ。本種の名は、金は虹彩《こうさい》が金色であること、黒は体の白色部以外が黒っぽいことによる命名。雄ではこの黒色部に紫色の光沢がある。また、雄には束ねたような冠羽《かんう》があり、個体によっては後頭部に巻き羽が出ている。この特徴から英名は「冠羽のあるカモ」という意味のTufted Duck。雌にも冠羽があるが、短くて目立たない。

近年、九州以北の各地の公園の池、湖沼、河口などに多数渡来し、越冬している。北海道では少数が繁殖している。

カモ類の中では春遅くまで残る傾向がある

クイナ

秧鶏、水鶏、水雞

英名：Water Rail

学名：*Rallus aquaticus*

科属：クイナ科クイナ属

全長：29cm

時期：東北以南で冬鳥。東北、北海道で夏鳥

ヒクイナ
顔から体下面はレンガ色

戸をノックをするような鳴き声を「くひ、くひ」と聴き、それに「鳴く」の語根「な」が加わって「くひな」。

クイナはクイナ科の鳥の総称、あるいはその1種クイナの和名である。現在の分布状態と生態からすると、種

クイナと種ヒクイナは、古くは区別されずに「くひな、くいな」と呼ばれていた。

歌に詠まれ、「戸をたたく、くいなの声」として知られているのは、ヒクイナ（緋秧鶏、*Porzana fusca*、全長23㎝）の独特の鳴き声である。ヒクイナは、繁殖期になるとゆっくりとした調子で「コッ、コッ、コッ」と鳴き出し、途中から声を速めて「コ、コ、コ、コ、コ」と続け、だんだん小声になって鳴き終わる。この鳴き声が「戸をたたく」とたとえられた。

クイナの鳴き声はヒクイナとはまったく異なり、騒がしい感じの「キュキュキュキュ

クイナの成鳥。顔から腹部は青灰色

……」と聴こえる声である。

「くひな」の語源についてはいくつか説がある。『大言海』には「鳴キハジメハくひくひト聞ユト云フ、なハ鳴ノ語根。……夜、鳴ク、声、人ノ戸ヲ叩クガ如シ、故ニ其鳴クヲ、たたくト云フ」とある。これが納得のいく解説である。上述の「コッ、コッ」を「くひ、くひ」と聴き、「鳴く」の語根「な」が加わって「くひな」である。

『和名抄《わみょうしょう》』には水鶏の項はないが、鼃鳥の項に「和名は久比奈雞、貌は水雞に似てよく鼃を食うのでこの名である」と（鼃は、蛙の古字）。

クマゲラ

熊啄木鳥

英名：Black Woodpecker

学名：*Dryocopus martius*

科属：キツツキ科クマゲラ属

全長：46cm

時期：留鳥

クマゲラの雄。頭頂全体が赤い

クマゲラの雌。後頭部だけ赤い

和名は体のきわめて大きいことを「熊」で表現。種小名は「軍人」。全身が黒く、頭部のみ赤い羽衣を軍服にたとえた。

漢字名では熊啄木鳥。接頭語の熊は、熊そのものや熊の語源とは直接関係がなく、「類似のもの、同類のものに比較して、特に大きい」という意。つまりケラ類（「きつつき」の語源・由来、１００頁を参照）のなかで、特に大きいことによる命名。翼を広げると約66㎝もある実に大きなキツツキである。姿だけでなく、鳴き声や樹木を叩いて出す、いわゆるドラミングの音も大きい。ほぼ全身が黒色なので、英名はBlack Woodpecker。

属名*Dryocopus*はギリシャ語のdruokopos（啄木鳥）が語源。durus、druosはナラ、カシ類の総称。koposは切る人（鳥）。種小名の*martius*は、ラテン語martius「軍人、陸軍のような」の意。頭部の赤い羽毛と全身黒色の姿から軍服を想像しての命名だろう。

クマタカ

角鷹、鵰

英名：Mountain Hawk-eagle

学名：*Nisaetus nipalensis*

科属：タカ科クマタカ属

全長：72cm（雄）、80cm（雌）

時期：留鳥

冠羽をよく立てる

冠羽《かんう》（羽角）があるので角鷹。しかし、大きくて強そうなので熊鷹の意味もこめられている。

一般的な漢字名は角鷹であるが、鵰の字も使われている。『和名抄《わみょうしょう》』の「角鷹」の項には「『辨色立成《べんしきりゅうじょう》』に云う角鷹、久満太加(くまたか)。この名の出所は未詳、ただし、角は毛角の義か」とあるから、「くまたか」は古い名称である。

クマタカの頭部の羽毛は、短い冠羽《かんう》状なので、「角は毛角」とするのは妥当であり、これが角鷹の語源である。

『和名抄』には「鵰鷲」の項もあり「『唐韻』に云う鶚、大鵰なり。鵰は和名、於保和之（おほわし）、鷲は古和之（こわし）。鶚鳥は別名なり。『山海経』に云う鷲は小鵰なり」とある。『本朝食鑑《ほんちょうしょっかん》』では、鵰の項をあげて「久末多加（くまたか）と訓む。我が国では昔からくまたか、と呼びならわして久しい。……熊鷹という場合は、その猛悍なことをいうのであろう」と。しかし熊鷹とは書かない。

クロジの夏羽雄。全体に灰黒色で、上面には黒い縦斑

クロジ

黒鵐

英名：Grey Bunting

学名：*Emberiza variabilis*

科属：ホオジロ科ホオジロ属

全長：17cm

時期：留鳥

クロジの冬羽雌。
全体に黒色みがない

黒いホオジロ類なので「黒鵐」。鵐は「ホオジロ類」という意味。しかし、灰色っぽい黒なので英名ではgreyとつけられた。

　クロジはホオジロ類の1種で、漢字では黒鵐と書く。鵐は「しとど」と読み、ホオジロ類の古名である。「しとど」の由来と語源については150頁に記した。クロジのジはアオジ（青鵐、14頁）のジと同じで、「鳥」の意、あるいは鳥の名前につく接尾語である。

　クロジはホオジロ類としてはめずらしく、雄の成鳥はほぼ全身が灰色である。名前はこの羽《う》衣《い》の色による。カムチャツカ半島南部から千島列島、日本までの限られた地域に繁殖している。英名はGrey Bunting。buntingはホオジロ類の総称。

　主に本州中部以北と北海道の自然林かそれに近い高木林で繁殖する。その囀りはほかのホオジロ類とは少し異なり、独特の美しさがある。

ケイマフリ

適切な漢字名なし

英名：Spectacled Guillemot

学名：*Cepphus carbo*

科属：ウミスズメ科ウミバト属

全長：37cm

時期：北海道と東北では留鳥、
東北以南では冬鳥

ケ

求愛中の雌雄。口の中は赤い

アイヌ語でケマは「脚」、フレは「赤い」。みずかきがある赤い脚は遠くから見ても、よく目立つ。

ケイマフリとは赤い脚の特徴によるアイヌ語の名前である。ケマ(kema)は「脚」、フレ(hure)は「赤い」。アイヌ語の形容詞は名詞の先に置くので、そのルールにしたがえば「赤い脚」はフレケマであるが、なぜかケイマフリである。日本語の標準和名はなく、適切な漢字名もない。

ケイマフリは岩礁地の海面に近い岩の隙間の奥に営巣する。岩場に上がって休んでいると、鮮やかな朱赤色の脚が目立つ。日本では北海道の天売島ほか数島と東北の数島に繁殖地がある。地方によっては漁師は「アカアシ」と呼んでいる。

英名は、Spectacled Guillemot。guillemotはウミバト類の総称名。spectacledは「眼鏡をかけた」という意味。目の周りが白く、眼鏡のようなので、この名である。

ケリ

鳧

英名：Grey-headed Lapwing

学名：*Vanellus cinereus*

科属：チドリ科タゲリ属

全長：36cm

時期：留鳥

白と黒のパターンが
よく目立つ

「ケリリ」という鳴き声からケリ。田の上で飛び降りする様子が、里（距離の単位）を計っているようなので「計《け》里《り》」とも。

ケリという名は「ケリリ」という鳴き声に由来する。抱卵期と巣立ち雛を守っている時期には、近くに来る人、犬、カラスさらにサギ類などに対して、親鳥は「ケレレ、ケレレ」と大声を発して、これらの侵入者を上空から急降下して追い立てる。この声も「ケリ」の名の由来に違いない。冬の夜中、静かな田に立つこの鳥が出す「ケリリ」という鳴き声も印象的である。

漢字は鳧（音はフ）である。この漢字は古くから漢籍に見られる。『荘士』駢拇《へんぼ》第八に「鳧の脛《すね》、短しといえども、これを続《つ》がば、すなわち憂えなん。鶴の脛、長しといえど

嘴は黄色く、先は黒い。胸に黒い帯がある

も、これを断たば、すなわち悲しまん」と。この鳧は鴨《かも》である。大昔から現在も、中国ではこの漢字は鴨の総称。

現在の分布から考えても、ケリは中国ではそんなに普通の鳥ではない。それ故、ケリを指す固有の漢字がないのであろうか。この漢字が日本で「ケリ」に当てられたのは古い時代のことで、私には調べきれなかった。『万葉集』巻二十、４３３９「国巡る……阿等利加麻気利、行き巡り……」の阿等利はアトリ、加麻はカモ、気利はケリと解説されている。これからすると、万葉の時代には既にケリはカモと区別されていたのだろう。

ゴイサギ

五位鷺

英名：Black-crowned Night Heron

学名：*Nycticorax nycticorax*

科属：サギ科ゴイサギ属

全長：57cm

時期：留鳥

休息時は群れていることが多い

若鳥は「星ゴイ」と呼ばれることも

醍醐天皇に五位（貴族の階級のひとつ）を与えられたから「五位鷺」。幼鳥は星模様なので「星五位」という。

ゴイサギは漢字では五位鷺。この名には次の故事がある。簡単に記すと、鎌倉時代初期に成った『平家物語』、巻第五、朝敵揃《ちょうてきぞろえ》のなかに「……昔は宣旨《せんじ》（天皇のお言葉を述べ伝えること）を読めば、枯れた草木も花咲き実り、飛ぶ鳥も従った。……延喜御門（醍醐天皇）が神泉苑に行幸されたとき、池の汀に鷺がいた。六位の蔵人《くろうど》（天皇のご用をする役所の職員）を呼んで、「あの鷺を捕ってこい」と命令された。この蔵人は、どうして捕れるだろうかと思ったが、天子の命令と思い、その鷺に歩み寄った。鷺は羽を整えて飛び去ろうとした。そこ

成鳥の後頭部には白くて長い冠羽がある

で、「宣旨だ」と言うと、鷺は地に伏したので、捕らえて来た。天皇は「宣旨に従ってまいったことは神妙である。やがて五位になせ」と、そして、この鷺を五位（官位のひとつ）にされた。「今日からは鷺のなかの王であれ」と書いた札を頸に掛けてやって、放された。……」。

　この鷺が、今のゴイサギかどうかは問題ではなく、ゴイサギはこの五位鷺なのである。

　ゴイサギの幼鳥は、全体が褐色で背面の羽毛、肩羽、雨《あま》覆《おおい》などに明るい黄褐色の斑が多数あり、星模様のようなので「星《ほし》五位」という（この星は「星烏」の星と同じ）。

コウノトリ

鸛

英名：Oriental Stork

学名：*Ciconia boyciana*

科属：コウノトリ科コウノトリ属

全長：112cm

時期：迷鳥または旅鳥

コ

嘴は黒い

種の漢字名「鸛」は、この鳥が出す独特の音の擬音語。それに「鳥」がついてコウノトリ。

漢字名は鸛。『大言海』ほかによると、「鸛の音、クヮンがカン→コウと、あるいはカク→カウ→コウと変化」したとあり、これが語源の定説である。

この鳥には、いわゆる鳥の鳴き声はない。大きな巣の上に立って、番《つがい》の雌雄の出会、挨拶行動中に、嘴を真上に向け、嘴を打ち合わせて「カタ……」と聞きとれる、よく響く大きな音を出す。英語では、これをクラタリング（clattering）という。前述の漢字名「鸛、カン、クワン」はこの音の擬音語。これに鳥をつけて「コウノトリ」である。

この種はユーラシア東部に繁殖。日本では、数十年前に野生個体はいなくなった。以後、外国から取り寄せた個体から飼育繁殖計画が続けられ、現在、放鳥事業が盛大に行われている。

主にヨーロッパ西部で繁殖するものは、嘴が赤いので、種和名はシュバシコウ（朱嘴鸛）という。

コオリガモ

氷鴨

英名：Long-tailed Duck

学名：*Clangula hyemalis*

科属：カモ科コオリガモ属

全長：38cm（雌）、60cm（雄）

時期：冬鳥

コオリガモの冬羽雄。尾羽は長い

コオリガモの冬羽雌。白い部分は少ない

流氷とともに見られ、体色も氷を思わせるので「氷鴨」。

コオリガモは北極圏とその近くに広く繁殖する。非繁殖期もあまり南下しない北方系のカモ類の1種。日本では主に北海道沿岸で観察される。特異な美しさがあり、氷鴨という和名は、掲載写真のように、①流氷の浮かぶ開水面に見られることと、②体の一部が氷のように白いことによる命名なのだろう。

属名はラテン語clangere「音が響く」の意味。コオリガモの群れが飛ぶ羽音によるとされている。しかし、このカモは越冬中もよく鳴く。海面に浮んでいる1羽が「アオナ」と聴きとれる特徴のある声で鳴くし、さらに雌雄が群れて番《つが》い形成行動をしながら「アォアオナ」と声を発する。この鳴き声はよく響く。羽音よりも、このよく響く鳴き声のほうが、属名の意味にふさわしい。「カモ」の語源は232頁参照。

コガラ

小雀

英名：Willow Tit

学名：*Poecile montanus*

科属：シジュウカラ科コガラ属

全長：13cm

時期：留鳥

頭部の黒に光沢はない

雀は「鳥」を意味する漢字。
カラはシジュウカラ科の一部の名前。
シジュウカラより小さいから「小雀」。

コガラ、ハシブトガラ、ヒガラの漢字名は、それぞれ、小雀、嘴太雀《はしぶとがら》、日雀。雀はスズメ類とは限らず、鳥を意味する字である。上述の3種はシジュウカラ科の鳥。このほか雀の字がついているのは、同科の四十雀（シジュウカラ）と山雀（ヤマガラ）。

この科以外では五十雀、連雀類（レンジャク類、106頁）、吊巣雀（ツリスガラ）、海雀類（ウミスズメ類、53頁）など。

シジュウカラ科の鳥の一部を称して「カラ」類と呼ぶ。「カラ」については、「カラの語源」（88頁）で詳しく記した。

ハシブトガラ

頭部は光沢がある

ヒガラ

短い冠羽がある

シジュウカラの全長は約15cm、ただし雌より雄のほうが少し大きい。コガラ（*P. montanus*）とハシブトガラ（*P. palustris*）は13cm、ヒガラ（*Periparus ater*）は11cm。シジュウカラに対して、小さいからコガラ。

ハシブトガラはコガラの近縁種で両種の羽衣《うい》は似ているが、コガラに比べて嘴が太いので「嘴太雀」の名である。「ハシ」は嘴のこと。

しかし経験を積まないと、嘴の形態の相異だけでは、野外観察でこの2種を見分けるのは容易でない。

コグンカンドリ

小軍艦鳥

英名：Lesser Frigatebird

学名：*Fregata ariel*

科属：グンカンドリ科グンカンドリ属

全長：76cm

時期：迷鳥

翼が長く飛翔が巧みで、ほかの鳥の獲物を強奪する習性を軍艦にたとえて「軍艦鳥」。

コグンカンドリの若鳥。腹部の白は翼にくい込む

グンカンドリという和名は英名のFrigatebirdの訳。辞書でfrigate（フリゲート艦）を調べると、①１７５０〜１８５０年頃の木造、海軍快速帆船。今日の巡洋艦に相当する。②英・カナダ海軍の対潜護衛用の護衛艦、駆逐艦。③米海軍の巡洋艦と駆逐艦の中間クラスの軍艦のこと。別名はMan of war bird。Man of warとは軍艦のことである。

軍艦鳥と名づけられた理由は、翼の長いこの大型の黒い鳥が群れ飛ぶ様子は、軍艦の大編隊を思わせるからである。

もうひとつの理由は、カツオドリ類、ネッタイチョウ類、アジサシ類などを空中で追いかけ、食べ物を吐き出させて奪い取る戦略習性による。もちろん略奪するだけではなく、海面を飛ぶトビウオ類や渚にいる魚類を探して飛びまわり、孵化後、海に出る海亀なども鋭い嘴で捕まえる。

コゲラ

小啄木鳥
英名：Japanese Pygmy Woodpecker
学名：*Dendrocopos kizuki*
科属：キツツキ科アカゲラ属
全長：15cm
時期：留鳥

雄の後頭部には赤羽がある

日本で一番小さいケラ（キツツキ）だから「小啄木鳥」。

日本に分布するキツツキ類のうち最も小さいのでコゲラ（小啄木鳥）という。全長15㎝で、スズメとほぼ同じくらいの大きさのかわいいキツツキである。ケラはキツツキ類の総称。その語源は100頁に記したように、たとえばアカゲラやオオアカゲラがよく発する「キョ、キョ」「ケッケッ」と聴こえる、よく響く鳴き声によると思われる。「ケラ」ではあるが、コゲラがよく発している声は「ギイーギイー」という静かな声である。繁殖期は「チッチッチッチッ」という特有の鳴き声もよく聴かれる。

コゲラの分布は日本と南部千島列島、サハリン、朝鮮半島、ウスリー地方とその近隣地域に限られる。それで、英名はJapanese Pygmy Woodpecker。pygmyは「小さなもの」という意味。

コサギ

小鷺

英名：Little Egret

学名：*Egretta garzetta*

科属：サギ科コサギ属

全長：61cm

時期：夏鳥、一部留鳥

コ

コサギの成鳥。足の指は黄色い

日本のシラサギは小・中・大の3種。大きさ以外にも嘴や脚の色の相異などから見分けられる。

ここに収録されているコサギ、チュウサギ、ダイサギは日本で繁殖しているサギ。この3種を普通はシラサギ（白鷺）という。

コサギの全長は61㎝、チュウサギは68㎝、ダイサギ（後述する亜種*modesta*）は90㎝で、それぞれ小鷺、中鷺、大鷺と名づけられている。

「さぎ」の語源は「美しい白い羽毛」によるとする説と「騒がしい鳴き声」によるとする説がある（136頁）。私は「白い羽毛」説がよいと思う。なぜなら、シラサギはおそらく奈良時代から普通に見られた鳥であろう。白い鳥の姿は水の青にも、草木の緑

チュウサギ

チュウサギの夏羽。
目先は黄色

ダイサギ

ダイサギの夏羽。
目先は青い

にもよく映え、その姿も飛行の様子も好まれたであろう。美点のほうが、名前の元になるのが自然である。

日本には、コサギとチュウサギはそれぞれ1亜種が分布するが、ダイサギは2亜種が分布し、亜種の和名がある。国内で繁殖している亜種は *Ardea alba modesta*。以前の亜種和名はチュウダイサギ（中大鷺）あるいはコモモジロ（小腿白）。これより大きく、冬鳥として分布する亜種 *A. a. alba* は、以前も今も、種和名と同じダイサギ。私は混乱を避け、その特徴を重視してこの亜種をオオダイサギ（大大鷺）と呼んでいる。

コチドリ

小千鳥

英名：Little Ringed Plover

学名：*Charadrius dubius*

科属：チドリ科チドリ属

全長：16cm

時期：夏鳥、少数は留鳥

コチドリの雄。黄色いアイリングはよく目立つ

100羽、1000羽の大群をつくるので「千鳥」と名づけられた。

『万葉集』には「ちどり」が登場する歌が25首ある。漢字の原文では、知鳥、智鳥、乳鳥、知杼里、知杼利、知登理の表記が計9首、千鳥と書かれたものが16首である。

奈良時代の「ちどり」が、今のどの種を指しているかは、無論、正確には分からない。しかし、この鳥は「ちどり」と呼ばれ、固有名詞のように「千鳥」と記され、認識されていた。

当時は大阪湾から奈良平野側に現代よりはるかに広く水域が入り込んでいた。平城宮の東南隅を通り、南へ流れて大和川に合流する佐保川と千鳥を詠んだ数首やほかの歌で

イカルチドリ

イカルチドリの雄。黄色いアイリングは目立たない

シロチドリ

シロチドリの雄。アイリングはない

は、この千鳥は、コチドリ、イカルチドリ、シロチドリと小型のシギであるハマシギ、トウネンあたりだろうと推測できる。

コノハズク

木葉木兎（兎）

英名：Oriental Scops Owl

学名：*Otus sunia*

科属：フクロウ科コノハズク属

全長：20cm

時期：夏鳥

コノハズクの赤色型。昼間は羽角を立てることが多い

木の葉に隠れてしまうほど小さなミミズク。「仏法僧」と鳴く、「声のブッポウソウ」としても有名。

漢字名は木葉木兎。全長20cmの小さなフクロウの1種。和名の意味は「木の葉ほどの大きさの」「木の葉の陰に隠れてしまうほどの大きさの」ズク。ズク（木兎）とはフクロウ類の一部の種を指す名称である（アオバズク16頁に詳述した）。コノハズクの「コッ、キョッコー」と鳴く声は「仏法僧」と聴きなされているが、実に巧妙な聴きなしである。繁殖期の初期は日中も鳴くが、特に夜間に「コッ、キョッコー」と繰り返し鳴き続ける。状況によると神秘この上なく、別名は「声のブッポウソウ」という。

かつてはブッポウソウ科の

コノハズクの雌と雛（赤色型）。雛にセミを持ってきた

リュウキュウコノハズク

南西諸島に生息する

ブッポウソウ（224頁）がこのように鳴くと信じられていた。昭和8（1933）年、鳥の鳴き声の研究者でもある京都大学・川村多実二教授が、「仏法僧」と鳴くのは嘴が赤く体の青いブッポウソウではない、と疑問を述べて、昭和10年にこの疑問は完全に解決された。

リュウキュウコノハズク（琉球木葉木兎、*O. elegans*、全長22cm）は鹿児島の奄美諸島と沖縄に留鳥として繁殖する。繁殖分布はまだ完全には分かっていない。和名の琉球は、もちろん地名の琉球による。最初は独立種として命名記載され、のちにコノハズクの亜種とされた。しかし1970年頃から小型のフクロウ類の世界的な再研究が始まり、以前とは別の評価から再度、独立種とされ、和名はそのまま存続している。

コマドリ

駒鳥

英名：Japanese Robin

学名：*Luscinia akahige*

科属：ヒタキ科ノゴマ属

全長：14cm

時期：夏鳥

コマドリの雄。頭頂から後頸は茶褐色で、顔から胸は赤橙色

「ピッピヨロロロ……」と鳴く声を、駒（馬）のいななきにたとえて「駒鳥」。

コマドリの漢字名は駒鳥。この鳥かコルリか判断が難しい遠距離からの囀りもいいが、近くで聴く囀りは響きも音色もすばらしい。「ピッピヨロロロ……」と鳴く声を駒（馬）のいななきにたとえて、駒鳥と命名された。

コマドリの学名は、*Luscinia akahige*。一方、近縁種アカヒゲの学名は*L. komadori*。種小名が逆になっている。両種とも江戸時代にオランダ人の医師シーボルトが持ち帰った標本をもとに、生物学者テミンクが１８５３年に記載命名した。種小名の取り違えは日本人から聞き取った名前が逆になっていたからか、聞き

オガワコマドリ

オガワコマドリの冬羽。青い喉から順に青、黒、白、橙色の帯

取りの際の誤りが原因だろう。

　オガワコマドリ（*L. svecica*、全長15㎝）の漢字名は小川駒鳥。ユーラシアの中・高緯度地帯に広く繁殖し、日本では稀な冬鳥。川や池のヨシ原で越冬する例が多いが、和名は「小川のある環境を好むコマドリ」ではなく、鳥類研究者・小川三紀（1876～1908）の名をつけたもの。小川三紀はこの本で何度か引用した『日本鳥類リスト』（1908）の編著者である。

　しかし、オガワコマドリはこのリストには未収録で、のちに黒田長禮氏が小川氏採集の標本にオガワコマドリと命名し、発表された。

小さい羽角がある

コミミズク

小耳木兎(兔)

英名：Short-eared Owl

学名：*Asio flammeus*

科属：フクロウ科トラフズク属

全長：38cm

時期：冬鳥

ミミズク類は耳のように見える羽角《うかく》が特徴。コミミズクは羽角が小さいので「小耳木兎」。

コミミズクという名前は「耳の小さいズク」という意味。漢字名は小耳木兎。木兎とはフクロウ類の一部の種を指す名称。アオバズク（16頁）のところで詳しく解説した。

耳のように見える、頭部にある特異な羽毛を羽角《うかく》というが、この耳が「ついている」あるいは「突き出ている」ことから「耳ズク」といい、「耳」が略されて「ズク」となる。羽角のあるフクロウ類を耳が長い兎に見立てて、「木に棲む兎」すなわち「木兎」である。

英名は、この耳が短いからShort-eared Owl。近縁種のトラフズクは、この耳が長いのでLong-eared Owl。

コミミズクは北半球の中・高緯度地帯に広く繁殖し、日本では冬鳥。人気のある鳥である。

サカツラガン

酒面雁

英名：Swan Goose

学名：*Anser cygnoides*

科属：カモ科マガン属

全長：87cm

時期：冬鳥

ガチョウの原種である

白い頬にうっすらと褐色がかかっている様子が、酒気を帯びたようなので「酒面雁《さかつらがん》」。

漢字名は酒面雁。愉快な名前である。頸の上部は白色だが、その上部、「目の下、頬、喉」などが淡い褐色なので、顔がうっすらと酒気を帯びたように見えることからこの名である。

体が大きく、地上では動作もややゆったりしている。

種小名は *cygnoides*。cygnus は「ハクチョウ」、-oides は「似ている」。つまり「ハクチョウに似ているガン」という学名である。それで英名は Swan Goose という。

現在の中国の鳥類学書では、サカツラガンは「鴻雁」。「鴻」は「おおとり、はくちょう」のこと。

主に中国東北部に局地的に繁殖し、中国東南部の狭い地域で越冬している。日本では冬鳥として、最近は年によりごく少数が渡来し、越冬している。

「さぎ」の語源

白露《しらつゆ》のような透明な羽をしているので、「鷺」といい、それを強調して「白鷺」。

「さぎ」の語源は国語学者、語源学者にも難解のひとつ。〝鷺〟(ロ)は、『万葉集』(巻九、1687、巻十六、3831)、『古事記』(上巻、葦原中国平定)でも、この漢字が使われている。そして、古くから「さぎ」と訓読されている。

「さぎ」の語源について、『大言海』では「白羽ノ、鮮《さ》明《や》き意ニ通ズルカ、尚考フベシ」とある。藤堂明保『漢字の話』では、「この字は、もちろん〝鳥+音符路〟からなっているが、〝路〟のもとの意味とは直接の関係はないらしい。むしろ路を含んだ露(しらつゆ)と縁が深い。鷺、露を同系語と見るならば、ある種のイメージがうかんでくる。露はいうまでもなく白露(しらつゆ)のことで、透明で朝日にきらきらと光る。日本でいう〝しろ〟よりは、むしろ清澄な無色を思いうかべるとよい。サギは白露のような透明な羽をしているので、〝鷺〟といい、それを強調して〝白鷺〟というのである」とある。

朴炳植『ヤマト言葉語源辞典』でも、この呼称の語源原意は「白い良いもの」であるとして、韓国語と日本語での語原形からの変化を示し、―しらさぎ―さぎ、となると解説されている。

『和《わ》名抄《みょうしょう》』には、鷺の鳴き声は人のよび、さけぶ声に似ているとある。シラサギ類やアオサギが飛び立つときによく発する「ガアーグアー」系の大きな鳴き声は、人も真似できる声。サギの語源は、喧しく騒ぐの、「さわぎ」によるという説もある。雛がいるサギ類のコロニーは実に騒がしいから、この説も頷ける。

コサギの婚姻色　（撮影：安部）

アオサギの成鳥

ダイサギの冬羽　（撮影：安部）

チュウサギの成鳥夏羽

ダイサギ、アマサギ、コサギの群れ　（撮影：安部）

サシバの雌。眉斑がはっきりある

サシバ

差羽、鵟鳩

英名：Grey-faced Buzzard-eagle

学名：*Butastur indicus*

科属：タカ科サシバ属

全長：49cm

時期：九州から本州までは夏鳥、南西諸島では冬鳥

サシバの飛翔

サ

「立ち上る」「一定の方向に直線的に運動する」という意味の「さし」に、「鳥」を意味する「羽」がついてサシバ。

「さしば」の語源には定説といえるものがなかった。『岩波　古語辞典』を読み、私の課題は氷解した。

同辞典から要約すると、「さし」とは「最も古くは、自然現象において活動力・生命力が直線的に発現し作用する意味」とある。そして、①「射し・差し」は「(雲などが)立ちのぼる」。『万葉集』巻三の挽歌、430「八雲さす出雲の子らが黒髪は吉野の川の沖になづさふ」を引いている。②「指し・差し」は「一定の方向に向かって直線的に運動する」とある。

サシバの渡りに親しんでいる人なら、①から、上昇気流

サシバの雄。喉に1本の黒線があり、胸は茶褐色

をつかんで、「鷹柱」を立てて旋回上昇するサシバの群れを思いつき、②からは、上昇して高度をとった群れが一定の方向に「流れる」ように渡っていく様子を思うであろう。すなわち、「サシ」とはこのような意味である。「バ」は「羽」「翼」。つまり「鳥」のことである。右記のことから、漢字表記は差羽が適している。漢字の鶆鳩は鷹類であるが、サシバではなく、国訓。

吉田金彦編著『語源辞典・動物編』には「サシバのサシは獲物を追って真っ直ぐに飛ぶこと。ハは「羽」よりもむしろ飛翔の仕方につける接尾語的なもの」と解説している。

サメビタキ

鮫鶲

英名：Dark-sided Flycatcher

学名：*Muscicapa sibirica*

科属：ヒタキ科サメビタキ属

全長：14cm

時期：夏鳥

サメビタキ。胸は灰褐色をしている

頭部から背面が鮫色のヒタキだから「鮫鶲」。鮫の皮は昔は刀の柄《つか》などに使われ、人々によく知られていた。

サメビタキの漢字表記は鮫鶲。すなわち、「鮫色の鶲（ヒタキ）」。

「鮫色」とは、昔、ざらざらした鮫皮を干して、刀の柄などに用いた、その皮の色。今では色名としてほとんど使われない。「鈍色《にびいろ》」に近い、暗い灰色。頭部から上背面の羽色がこの色なのでサメビタキの名である。

サメビタキは夏鳥として本州中部以北、北海道の平地から山地の林で繁殖する。

コサメビタキ（*M. dauurica*、全長13㎝）はサメビタキより少し小さいので、この名である。頭から背面の羽色はサメビタキより淡い灰色。夏鳥と

コサメビタキ
目先は白っぽい

エゾビタキ
胸に縦斑がある

して渡来し、やはり林地で繁殖する。九州から北海道まで、サメビタキより低地で繁殖している。

エゾビタキ（*M. griseisicta*、全長15㎝）は沿海州からアムール川河口域、カムチャツカ半島などで局地的に繁殖。それで名に「蝦夷」がつく。日本では主に秋に見られる旅鳥。

これら3種はヒタキ科の小鳥で、羽色も体型も似ている。

サメビタキ属*Muscicapa*は、ラテン語musca、すなわち英語のfly（飛ぶ虫）、capera（捕らえる）からなる。総称英名はFlycatcher、「飛ぶ虫を捕食する鳥」。

サルハマシギ

猿浜鷸

英名：Curlew Sandpiper

学名：*Calidris ferruginea*

科属：シギ科オバシギ属

全長：21cm

時期：旅鳥

サルハマシギの夏羽。嘴は細く、湾曲している

赤褐色が顕著な夏羽を、ニホンザルの顔や尻にたとえて「猿浜鷸」。

サルハマシギの繁殖羽は雌雄ともに頭部から胸腹部が赤褐色になり、特に雄では顕著である。漢字では猿浜鷸と書き、猿は、顔や尻が赤いニホンザルの雄による。ベニマシコ（紅猿子）、オオマシコ（大猿子、66頁）などの猿と同じ。

　また、大きさや形態がハマシギに似ていることから、サルハマシギ。

　種小名の*ferruginea*は、「錆色の」という意味で、上述のように繁殖羽が赤褐色になる特徴による。英名はCurlew Sandpiper。curlewはダイシャクシギ（168頁）、ホウロクシギ（169頁）などのシャクシギ類の総称英名。これらの種の嘴は長く、下向きに湾曲している。サルハマシギの嘴も同じような形をしているので、この名である。sandpiperは中・小型のシギ類の総称。

サンカノゴイ

山家五位

英名：Eurasian Bittern

学名：*Botaurus stellaris*

科属：サギ科サンカノゴイ属

全長：76cm

時期：留鳥、夏鳥

全体が淡黄褐色

「山家」は「田舎」という意味。人里離れた田舎にいるゴイサギのような体形のサギだから「山家五位」。

サンカノゴイはサギ科の鳥で、漢字名は山家五位。山家は「やまが」つまり「人里離れた田舎」「山村」のこと。五位は、ゴイサギ（五位鷺、118頁）に体形が似ている鷺の意。鷺は略。

約40年前には、日本で繁殖していることは分かっていたが、棲息数は極めて少なく、観察も難しかった。江戸時代から、サンカノゴイの名があることからして、当時も人目につきにくい鳥だったのであろう。しかし、このサギは深山や森林に棲息しているのではない。

広い水田地帯や湖沼などのヨシ原で繁殖する。周年、草むらやヨシ原に棲息し、性質は神経質なので観察しにくい。多くは夏鳥のようであるが、以前から越冬する個体もいる。近年、いくつか確かな繁殖地が知られている。

サンコウチョウ

三光鳥

英名：Japanese Paradise Flycatcher

学名：*Terpsiphone atrocaudata*

科属：カササギビタキ科サンコウチョウ属

全長：45cm（雄）、18cm（雌）

時期：夏鳥

中央尾羽の2本は非常に長い

「ホイホイホイ」を「月と日と星」と聞いて「三光鳥」。イカルの鳴き声も同様に聴きなして、別名を「三光鳥」という。

サンコウチョウは「フイチイ、ホイホイホイ」と囀る。古くからこの囀りを「月、日、星」と聴きなして三光鳥と命名された。たいがい初めの「フイチイ」あるいは「フイチィイチィイ」はやや小声で口早《くちばや》で、「ホイホイホイ」のほうが声が大きい。たぶん「ホイホイホイ」を「月と日と星」と聴いたのであろう。しかし、個体によっても状況によっても、囀りは多少異なる。初めの口早の「フイチィチィフイチイチイ」が、「月日星」と聴こえることもある。

イカル（36頁）もその囀りから別名「三光鳥」と呼ばれている。

属名の*Terpsiphone*はギリシャ語のterps（目や耳を喜ばせる）とphone（声）からなる。つまり「大変よい声」という意味。種小名*atrocaudata*はater（黒）とcaudatus（尾の）で「黒い尾の」の意。

サンショウクイ

山椒喰

英名：Ashy Minivet

学名：*Pericrocotus divaricatus*

科属：サンショウクイ科サンショウクイ属

全長：20cm

時期：夏鳥

上面は灰黒色

山椒を食べて口がヒリヒリしているような声で鳴くので「山椒喰」。「ヒリリヒリリ」と鳴きながら渡っていく。

この鳥の囀りに相当する鳴き声は「鈴をならしているような」とたとえられる澄んだ声の「ヒリリリ、ヒリリリリリヒリリリリ」である。この鳴き声を「山椒の実を食べて、口がヒリヒリすると言っているようだ」と聴いて、山椒喰と命名。

実にうまい命名だと私は思う。ところが、おいしい山椒の実を使った食品を食べたことがない人が案外多く、また「サンショウクイは山椒の実を食べない」などと生真面目に主張する人もいて話がかみ合わないことがある。口がヒリヒリするのは、山椒の実を食べた、われわれ人間の事である。『古事記』神武天皇の条に「山椒の実を食べて口ひひく」という記述も見られる。

春秋の渡りの季節には市街地の高空を移動しながら鳴いて行くことも少なくない。

「しぎ」の語源

群飛、群れが舞い降りる状態、群れが採食する状態などの語義から「シギ」となった。

「しぎ」の語源も難解である。形態の特徴からとする松永貞徳『和句解』（江戸初期）では、簡単に「鴫、しぎ、嘴《はし》長《ながき》の義」と。これ以外の諸説の多くは、「羽をしごく」とか「羽《は》音《おと》」に関連づけている。服部大方《だいほう》『名言通《めいげんつう》』（江戸後期。筆者未見）は、「〝羽をしごく〟ことから、〝しごき〟の転か」と、『東雅《とうが》』は「シギとはその羽音の繁《しげ》きに因る」とし、『大言海』も「鴫、田鳥。繁の転、羽音の繁き意と云う。字は、『和名抄』に田鳥とも云うとある、合字なり」と。吉田金彦編著『語源辞典・動物編』は、「田の鳥がしきりに羽ばたきを繰り返すのだから、動詞シク（頻）の連用形の重複、シキシキのつづまった形」と、シギの語源について新見解を述べている。「しぎ」は、現在ではシギ類の総称である。しかし、シギ類のどの種類にしろ、その生態からして、〝羽をしごく〟、〝羽音の繁き〟、〝しきりに羽ばたく〟などが「しぎ」の語源であろうとは、私には思われない。

『時代別・国語大辞典、上代編』（三省堂）には「しく（敷・布）、波などがあとからあとから寄せる」と、また『岩波　古語辞典』には「しき（繁き・茂き）、後から後から追いついて前のものに重なる」とある。

「敷・繁」のこれらの語義は、シギ類の群飛、群れが舞い降

オバシギ、オオソリハシシギ、オグロシギの群。「しく」「しき」の状態で飛行する（撮影：安部）

りる状態、群れが採食する状態などとよく適合しているから、これらの行動が語源であろう。

前述の〝羽音の繁き〟は下記の『万葉集』の歌から、〝羽をしごく〟、〝しきりに羽ばたく〟は『古今和歌集』761番「暁のしぎのはねがきももはがききみがこぬよはわれぞかずかく」の〝羽掻《か》き〟、〝百羽がき〟から、さらに『古今和歌六帖』、『新撰和歌六帖』などの恋歌から推考して、「しぎ」の語源とされたのであろう。そして、〝羽掻き〟は意味不鮮明のまま、「女の閨怨《けいおん》の譬《たと》えとしての、恋歌での類型表現かと思われる」（小学館『日本国語大辞典』）とされている。〝羽掻き〟は「嘴で羽毛をしごくこと」ではあるが、これは「鳥が、時に水浴びもし、嘴で羽毛をていねいに整える、羽づくろい」行動である。〝羽掻き〟とは〝羽づくろい〟つまり「化粧をし、衣を整える」と考えれば、恋歌の大意はさらによく解されるだろう。

『古事記』中巻、神武記では、「しぎ」は志藝と記され、『万葉集』には、「しぎ」を詠んだ一首（巻十九、4141）、翻《と》び翔《か》る鴫を見て作れる歌一首「春まけて物がなしきにさ夜ふけて羽ぶき鳴く鴫誰が田にか住む」がある。歌の原文では、「しぎ」は万葉仮名で志藝であるが、詞書では鴫の字が使われている。このことから、田と鳥を合わせた鴫の字は古い国字である。

『和名抄《わみょうしょう》』では、「鷸」の漢字で、昔は「ロ」、之木（しぎ）、田鳥とも云う、野の鳥なり、とある。『東雅』では、「シギ」は漢字「鶕《あん》」を見出し語として、解説文には「田鳥」、「鷸」、「鷸」の字も見られる。現在、日本ではシギ類を総称する漢字として「鷸」を用いることが多い。国字「鴫」も使われている。中国の学会ではシギ科は鷸科と記し、タシギ属（*Gallinago*）には「沙錐」の字も使っている。

シジュウカラ

四十雀

英名：Japanese Tit

学名：*Parus minor*

科属：シジュウカラ科シジュウカラ属

全長：15cm

時期：留鳥

シジュウカラの雌。腹部の黒い帯は雄は太く、雌では細い

「しじゅう」は鳴き声から。
ゴジュウカラは灰色で老人を思わせるので「五十雀」。
それに準じて四十の漢字が使われたのでは?

シジュウカラの「シジュウ」の語源は、鳴き声によるというのが定説。ただし囀りではなく、地鳴きに由来する。

この鳥の地鳴きには、いろいろな鳴き声があるが、その鳴き声に含まれている「ジュ」とか「ジュク」という声が語源であるという。

漢字名は四十雀。雀は主に小鳥を指す鳥の意。昔は四十歳は初老、五十歳は老人である。ゴジュウカラの淡い灰色のすっきりした羽《う》衣《い》は老人にふさわしい。漢字名は五十雀。

五十雀とあわせて考えると、四十雀の四十は、その鳴き声に合わせた単なる当て字であろうか。

ゴジュウカラ
頭から背面が美しい灰色で、全体的に上品な感じの羽衣

イシガキシジュウカラ
羽色は全体に黒っぽく、特に胸腹部が黒い

イシガキシジュウカラはシジュウカラの別亜種で沖縄県先島諸島で繁殖する。名前は先島諸島の石垣島の名をつけたもの。羽色は全体に黒っぽく、特に胸腹部が黒い。個体によってはひどく「黒い鳥」である。

Tit はシジュウカラ類の総称英名。titmouse の略。tit はアイスランドの古語 titr(小さなもの)。mouse はアングロサクソン語の mase(鳥の1種という意味)の転訛という。

日本のシジュウカラ科の鳥のうち、一部の俗称である「から」の語源についてはコラム欄(88頁)で解説した。

「しとど」の由来・語源

「斯登登」「芝苔苔」「志止止」などと表記。

「しとど」という言葉について、以下に簡潔に記すと、①文献上、最初にみえるのは『古事記』中巻、神武天皇の条に「大久米の命《みこと》の黥《さ》ける利《と》目《め》……略……阿米都都知杼理麻斯登登　那杼佐祁流斗米」とあり、「アメ、ツツ、チドリ、マシトドなど黥ける利目」と読まれている（本居宣長『古事記伝』）。「黥《さ》く」は、目のまわりに入墨をすること。罪人などの顔に入墨する刑罰。「黥ける利目」とは「入墨をした鋭い目」の意である。『日本書紀』履中天皇元年の条に、「……阿曇《あずみの》 連《むらじ》浜子《はまこ》を召して、大恩を垂れて、死科を免じて墨とす。その日に黥をした（目の縁に入墨をした）。時の人はこれを阿曇目（アズミメ）といった」。さらに、五年の条の「天皇は淡路島で狩りをされた。おともをした河内の飼部（うまかいべ）の目さきの傷が治らず……略……占いをし、それに拠り、今後は飼部に入墨をすることをやめた」とある。その後、雄略天皇十一年の条では、「鳥官（とりつかさ、どのような職官か不明）の鳥が、菟田の人の犬に噛まれて死んだ。天皇は怒って、その人の顔に入墨をして、鳥養部とされた」とある。鳥養部は御料の鳥獣を飼う賤民だったのだろう（宇治谷孟訳『日本書紀』、倉野憲司校注『古事記』）。②巫鳥については、『日本書紀』天武天皇九年の条に「摂津国が白い巫鳥をたてまつった」とあり、「巫鳥、これは芝苔苔という」と注記があり、「しとと」と訓読されている。巫鳥の「巫」の字は「みこ」、「巫女」のこと。すなわち、「神に仕えて、神楽、祈祷を行い、神を召び、神意などを人に伝える未婚の女」の

シ

こと。「かんなぎ」ともいわれ、「カムは神。ナギはなごめる意。神の心を音楽や舞でなごやかにして、神意を求める人」のこと（『岩波　古語辞典』）。『日本書紀』では皇極天皇二年の条に巫女、天武天皇十三年の条に巫とある。『古語拾遺』（斎部広成撰）の占いの記述に、「片巫《かたこうなぎ》（志止止鳥）」とあり、これはシトド鳥を使って占いをする巫女の名であろうと考えられている。ただし、その占いの仕方については不明である。

　以上、簡略に記したが、「古人が〝しとど〟と呼んでいた鳥は今のホオジロ類の総称古名である」とすることに読者は納得されるだろうか。説明を加えると、ホオジロ、カシラダカ、ミヤマホオジロなどの顔・頭部は眉線、頬線、顎線が顕著で、目先や目の周囲、耳羽は特に雄では黒い。アオジの雄成鳥の目先も黒い。これらは、正に〝黥《げい》面《めん》〟（入墨をした顔）である。ノジコやコホオアカの特に雄では、いわゆる〝囲眼部〟が顕著で、これも〝黥け目〟である。これが鵐目（しとどめ）の由来。〝鵐〟（しとど）という字は、もちろん、巫と鳥を合わせた古い国字である。

③「しとど」の語源については不明、不詳とされているが、次のような考えはどうであろうか。奈良時代でも、おそらく、アオジとホオジロは身近に棲息していただろう。ホオジロ類の地鳴きは「チ」あるいは「チッ」と聴き取れる。普通、ホオジロは「チチ」と2音で発声、この種以外の多くのホオジロ類は「チ、チ」、と1音ずつ発声する。①に記したように『古事記』では「斯登登」、『日本書紀』は「芝苔苔」、『古語拾遺』は「志止止」である。これらは、「チ、チチ」というホオジロ類の地鳴きによる表記であろう。ホオジロとアオジの類とミコアイサの成鳥雄をよく見ていただきたい。この解説の理解に役立つと思う。

全体に複雑な模様

シノリガモ

晨鴨

英名：Harlequin Duck

学名：*Histrionicus histrionicus*

科属：カモ科シノリガモ属

全長：43cm

時期：冬鳥、留鳥

「晨《しん》」は星の名前。夜空のような濃い紺色の地色に、いくつもの白斑を星座にたとえたのであろう。

和名も漢字名も、その語源について記したものを知らない。以下は私説である。

漢字名は晨鴨。辞典によると晨《しん》の文字の意味のひとつに「二十八宿のひとつ、房屋、房宿の別名」とある。宿とは中国の天文学で用いられた赤道帯の区分法。房は宿を二十八区分したうちのひとつで、東方にある。房星はこのなかの「そいぼし」のこと。

シノリガモの雄の羽衣《うい》には、眼の後方にある円斑をはじめ、白斑や太い白線が多数ある。頭、顔、頸、胸、背の青色も独特、夜空を思わせる。つまり晨鴨とは、これらの白斑や白線を星座に見立てた命名であろう。英名にはきらびやかなこの羽衣からharlequin（道化師）とつく。

シノリガモは岩礁でよく採食し、岩面に付いているノリ類を嘴で採って食べている。「シ」は「舐める」の意のある舐（シ）であり、「ノリ」は「海苔」だろう。すなわち、「海苔を好んで舐めとるカモ」である。

シマアジ

縞味

英名：Garganey

学名：*Anas querquedula*

科属：カモ科マガモ属

全長：38cm

時期：旅鳥

白くてはっきりした眉斑

雄の羽衣の特徴から「縞」、「味」はトモエガモの古名「味鴨」より。

　漢字名は縞味。島味ではない。この縞は、雄の独特の羽《う》衣《い》によるのだろう。すなわち、雄は眼の上から後頸まで伸びている白い太い眉線があり、さらに肩羽の一部が細く長く伸び、白黒の縞模様になっている。この特徴から縞であり、味はトモエガモの古い名称「味鴨」から。やはり肉の味がよいカモなのであろう。

　雌は地味だが、雄は紫色の羽毛も美しく、人気のカモ。シマアジは日本に渡来するカモ類ではめずらしく旅鳥である。

　越冬地に渡るシマアジはカモ類としては早い時期に出現する。この時期の羽衣は換羽《かんう》中で美しくない。春には、日本で越冬していたカモ類の多くが北方に去ったころ、アジア南部の越冬地から美しい羽衣の雄が渡来し、短期間とどまって繁殖地に渡っていく。

シマフクロウ

島梟

英名：Blakiston's Fish Owl

学名：*Ketupa blakistoni*

科属：フクロウ科シマフクロウ属

全長：71cm

時期：留鳥

「しま」は「縞」ではなく「島」で、「特定の限られた場所」の意味。日本では北海道だけに分布するから。

シマフクロウは日本では北海道だけに留鳥として分布する大きなフクロウ類の1種。漢字名は島梟。

この島は「特定の限られた地域」また「中心的な地域からは遠隔の地」などを表す接頭語。本種のほかに、このシマがついているのは、シマアオジ、シマノジコ、シマゴマ、シマセンニュウ。

シマアジ、シマクイナのシマは縞、縞模様である。

シマフクロウの学名は*Ketupa blakistoni*。属和名はシマフクロウ属。この属は4種からなり、いずれも魚類をよく捕食して生きている特異なフクロウ類なので、別名ウ

フクロウ類としては、世界でも最大級の大きさ

オ（魚）ミミズク類という。

マレーウオミミズク（*K. ketupu*）はマレーシア、スマトラ、ジャワ、ボルネオ、アッサム南部から南部タイ、ベトナムなどに分布する小型のウオミミズクである。この鳥のマラヤ語名、kutupokが属名の語源（Jobling 1991）。

種小名*blakistoni*は日本の動物相を研究したイギリス人の貿易商W. Blakistonの名をつけたもの。同氏は本州以南と北海道の動物相は異なるとして、津軽海峡に境界線（ブラキストン線）を引いた。

シマフクロウの英名にも「ブラキストン」の名がついている。

シメの夏羽雌。嘴は鉛色をしている

シメ

此女、鴲、蝋嘴

英名：Hawfinch

学名：*Coccothraustes coccothraustes*

科属：アトリ科シメ属

全長：19cm

時期：留鳥、冬鳥

**「シー」という鳴き声に
「鳥」という意味の「メ」がついて「シメ」。
古い文献では「此女」「比女」。**

シメは、少数は日本でも繁殖している。しかし、各地で普通に見られるのは、冬鳥として渡来した個体。したがって、われわれが耳にするのは、たいがい地鳴きである。

シメという和名は「チッ」「ツィ」「シー」（これらは別の鳴き声で、どの声もよくとおる）と聴こえる地鳴きから「シ」で、「メ」はスズメ、カモメのメと同じ、鳥を表す接尾語がついたのであろう。

晩秋から越冬期にはシメとイカルの群れが、エノキやムクノキの実を一緒に食べていることは少なくない。それでも不思議なほどに、シメと思われる此女《しめ》か比女《ひめ》が、『万葉

シメの冬羽雄。嘴は肉色で目先は黒い

集』や『風土記』(逸文「伊豫国」)にイカルガと一緒に登場している(36頁)。

『万葉集』の版本により、此女か比女かのどちらかの表記である(たとえば平安時代の元暦校本では比女、江戸時代の寛永版本では此女)が、国文学者の検討により、結局、比女におさまっている。

ところが、『和名抄《わみょうしょう》』には「鴲―音はケンまたはキン、『漢語抄』にいう比女」とあり、さらに「鵖―音はシ、『漢語抄』にいう之女』ともある。

現在では種シメを表す漢字として、「蝋嘴」は使わず、鴲か此女を使うのが一般的。

ツミの雄に似ている

ジュウイチ

十一、慈悲心鳥

英名：Rufous Hawk-Cuckoo

学名：*Hierococcyx hyperythrus*

科属：カッコウ科ジュウイチ属

全長：32cm

時期：夏鳥

ジュウイチの漢字名は十一、慈悲心鳥。カッコウ科の鳥。夏鳥として渡来し、四国、本州、北海道の山林で繁殖する。「ジヒシン」と聴こえる雄の強い鳴き声から慈悲心鳥の名である。また、少し別の声は

鳴き声「ジュイチ」からジュウイチ。「ジヒシン」とも聞こえるので、漢字では「慈悲心鳥」とも書く。

「ジュイチ」とも聴こえるので、十一（ジュウイチ）と命名されている。カッコウ（郭公）がその鳴き声をほぼそのまま写した名前であるのと同じように、ジュウイチの声もそのまま名前になるほど独特である。

カッコウ、ホトトギス、ツツドリ、ジュウイチの一般に知られた鳴き声は、それぞれ雄の囀りである。これらの種の雌は、簡略に記すと「ピピピ……」と鳴く。

ホトトギス同様、ジュウイチも夜間に鳴く。山中で静かな夜中に、頭上近くで強い大きな声で「慈悲心」と鳴かれると、脳まで染み入る。

ジョウビタキ

常鶲、上鶲、尉鶲

英名：Daurian Redstart

学名：*Phoenicurus auroreus*

科属：ヒタキ科ジョウビタキ属

全長：14cm

時期：冬鳥

翼の白斑が目立つ

「秋に常に来るヒタキ」から「常鶲」。白髪が生えたような雄の頭部から、「老人」の意の「尉」を使って「尉鶲」とも書く。

ジョウビタキの漢字名は、常鶲、上鶲、尉鶲。常鶲は「秋になると、毎年、必ずやって来るヒタキ」といった意味の名。上鶲は「ほかの鶲（あるいは、ほかの飼い鳥）より上等のヒタキ」の意味。尉鶲はこのふたつより古い名前である。尉は「能楽の白髪の老人」のこと、あるいは「下に残り火があり、上のほうは白い灰になっている炭火」のこと。この鳥の「雄の頭部が灰白色であること」に注目して、尉の字が使われている。これがよい名前と思う。なお、尉の音はイ。ジョウは国訓（日本独特の訓《よ》み）。これにともない「おきな、老翁」の意が生まれた。

ここでは要点だけ記したが、山本徳太郎「ジョウビタキのジョウ」（1958、『野鳥』23巻2号）に詳しく解説されている。

顔の黒斑は個体により形が異なる

スズメ

雀

英名：Eurasian Tree Sparrow

学名：*Passer montanus*

科属：スズメ科スズメ属

全長：14cm

時期：留鳥

ス

鳴き声から「スス」、そこに「鳥」「群れ」を意味する「メ」がついた。「スス」には「小さい」という意味も。

スズメはきれいな羽衣《うい》のかわいい小鳥である。スズメの語源を簡略に記した。①スズメのスズは「チ、チ」、「チュン、チュン」など鳴き声の擬声語。②古語「ささ」は「細かいもの、小さいもの」を賞美する接頭語。「ささ」がスズになった。

③スズメのメは「群れ」のこと。また、カモメ、ツバメのメと同じ、鳥を表す接尾語。

漢字「雀」は、小＋隹（鳥）、すなわち、小さい鳥である。雀という字は、ほかの多くの小さい鳥の漢字名でも使われ（たとえば小雀《こがら》、雲雀《ひばり》）、大きな鳥の名前（鷹の1種ツミの漢字名のひとつの雀鷹や、孔雀の例もある）にも使われている。

種スズメの英名はEurasian Tree Sparrow。英語のsparrowも「スズメ」同様に多くの種に使われている。

セイタカシギ

丈高鷸

英名：Black-winged Stilt

学名：*Himantopus himantopus*

科属：セイタカシギ科セイタカシギ属

全長：37cm

時期：留鳥および旅鳥

上面は金属光沢のある黒色（撮影：安部）

英名はBlack-winged（黒い
翼の）Stilt。stiltは竹馬のこと。
セイタカシギの異様に長くて
細い脚と竹馬に乗っているよ
うな歩き方による名前。

脚が長く背丈が高いので「丈高鷸」。
英名のstiltは竹馬。
まさに竹馬に乗ったようなプロポーション。

学名は属名と種小名と
が同じで、ギリシャ語の
himantopousが語源。himasは
「細い革ひも」、pousは「脚」。
もちろん、「細長くて、革ひ
ものように赤味のある脚」の
特徴による名前である。
和名はいたって簡単で「背
丈の高いシギ」。
鳥類の全長は「鳥を平らな
ところに自然な姿勢で仰向け
に寝かせ、嘴の先端から尾羽
の先までを測った長さ」なの
で、脚が長いセイタカシギが
立っているときの大きさは、
全長よりかなり大きい。
本種は主に暖帯と熱帯に広
く分布し、数亜種に分類され
ている。

セグロセキレイ

背黒鶺鴒

英名：Japanese Wagtail

学名：*Motacilla grandis*

科属：セキレイ科セキレイ属

全長：21cm

時期：留鳥

セ

**雄の頭から背中が一年中黒いのが名前の由来。
ハクセキレイも背中が黒いが、
頬が白いので白っぽい印象。**

漢字の鶺鴒については98頁の項を参照されたい。

　セグロセキレイは「背中の黒いセキレイ」。雄は、頭から背中が真っ黒である。雌の数%は雄と同じ羽《う》衣《い》だが、大部分の雌の背中は少し灰色を帯びている。

　日本固有種。北海道、本州、四国、九州、佐渡、隠岐で留鳥として繁殖している。

　昔からある溝や農業用水路などが近くにある住宅地、農業地帯、海岸、河川、湖沼などに棲息する、いわゆる「水辺の鳥」である。

　ハクセキレイ（*M. alba*、全長21㎝）はセグロセキレイと同大。全体的な羽衣も似て

ハクセキレイ

ハクセキレイの夏羽雄

ホオジロハクセキレイ

ホオジロハクセキレイの夏羽

頭部から上面は黒くて、眉斑は白い

いる。ユーラシアのほぼ全域とアラスカ北西部で繁殖し、10数亜種からなる。水辺の鳥ではあるが、セグロセキレイに比べると、水から離れた環境にも棲息している。

　日本では亜種ハクセキレイ（*M. a. lugens*）と亜種ホオジロハクセキレイ（*M. a. leucopsis*）が繁殖。

　亜種ハクセキレイは主に北海道と本州北部で繁殖し、本州から九州の各地に渡り越冬。近年、繁殖地が広がり、近畿地方では普通に繁殖している。セグロセキレイに比べて全体的に白っぽいので「白セキレイ」の名である。この亜種名は種和名と同じ。

セッカの成鳥。尾羽の先端は白くて目立つ

セッカ

雪加

英名：Zitting Cisticola

学名：*Cisticola juncidis*

科属：セッカ科セッカ属

全長：13cm

時期：留鳥

セッカは本州の東北南部以南の全国で繁殖。平地の草地、河原、農耕地、牧草地など草地で繁殖する。冬期はヨシ原や繁殖期に比べると丈の高い草むらに棲息する。棲息地の地面が雪でおおわれる本州北部では夏鳥である。

巣材のチガヤの白い穂を雪に見立て、それを口にくわえて飛ぶ姿から「雪加」となったか？

セッカの漢字名は雪加。なぜか、この名前の由来や語源についてふれた文献はない。そこで、私の考えを記す。

セッカは草地に営巣する。たいがい、イネ科の草類の葉を巧みに寄せて、緑色の藁《わら》納豆のような形の巣をクモの糸を使って造る。出入り口は巣の上部にある。巣の内装にはチガヤの白い穂をよく使っている。白い穂を嘴にくわえて飛ぶ、巣造り中の鳥がよく観察される。この「白い穂」を雪に見立て、「嘴に雪をくわ

オオセッカ

尾羽は凸尾で長い

える」、「巣に雪を加える」鳥である。これから、雪加、セッカであろう。

近縁種のタイワンセッカ（*C. exilis*、全長10㎝）はアジア東南部、オーストラリアなどに広く分布する。

オオセッカ（*Locustella pryeri*）は、「オオ」とつくがセッカとほぼ同大である。以前はセッカと同じ科に分類されていたのでこの名がついている。現在はセンニュウ科である。エゾセンニュウの項に記したように、河川、湖沼に近い湿地、草地、ヨシ原などに棲息。青森、秋田、宮城、茨城、栃木県などに繁殖地が知られているが、棲息数は多くない。

センダイムシクイ

仙台虫喰

英名：Eastern Crowned Leaf Warbler

学名：*Phylloscopus Coronatus*

科属：ムシクイ科ムシクイ属

全長：13cm

時期：夏鳥

セ

頭頂には頭央線がある

虫を食うので「虫喰」。「チィヨ」が「千代」になり、それを「センダイ」と読んで「仙台」になったのか？

センダイムシクイをはじめ、ここに掲載したエゾムシクイ、イイジマムシクイ、メボソムシクイの4種は、ムシクイ（虫喰）類と呼ばれているムシクイ科ムシクイ属（*Phylloscopus*）の鳥である。いずれも、夏鳥で平地から山地の林で繁殖している。

属名*Phylloscopus*はギリシャ語のphullon（木の葉）とskopos（番人）からなる。いつも木の葉を調べて、昆虫などの食べ物を探している生態による。

センダイムシクイの漢字表記では、なぜか仙台虫喰と書くことになっている。これ以外にない。

その囀りは変化に富むが、「チィヨチィヨジュイー」というさえずりのチィヨを千代として、「千代千代ジュイー」とも聴きなせるから「千代虫喰」という漢字もいいと思う。さらに「千代も万代も虫ばかり喰っているから」また「先代からずっと虫喰」だから「先代虫喰」とするというのは私の思いつきの名称。「焼酎一杯グイー」は、ひろく知られた聴きなしである。実際の囀りとはぴったりこないが、実は上手な聴きなしである。

センダイムシクイは九州から北海道、対馬、佐渡の平地から低山地で普通に繁殖している。

エゾムシクイ

鳴き声は「チー ツー チー」

イイジマムシクイ

鳴き声は「チュビ チュビ チュビ」

メボソムシクイ

鳴き声は「ジュリ ジュリ ジュリ」

ダイシャクシギ

大杓鷸

英名：Eurasian Curlew

学名：*Numenius arquata*

科属：シギ科ダイシャクシギ属

全長：58cm

時期：冬鳥、旅鳥

嘴は黒くて大きく、下に曲がっている。下嘴はピンク色。顔から胸は淡いバフ色で、黒褐色の縦斑がある

長い嘴を「柄杓《ひしゃく》」の柄《え》に見立てた名前。シギ類のなかでは体が大きいので「大杓鷸」。

下向きに反った長い嘴をもつシギ類はシャクシギ類の名でまとめられている。日本には、ここで記すダイシャクシギ、チュウシャクシギ、コシャクシギ、ホウロクシギが棲息している。

シャクシギは漢字では杓鷸と書く。杓《しゃく》は「木で造ったひしゃく」のこと。長い嘴を「ひしゃく」についている長い柄《え》に見立てた名前。シャクシギ類の羽衣《うい》は全体として褐色。長い嘴もそれに近い色。

ダイシャクシギは全長58㎝。全長63㎝のホウロクシギより少し小さいが、嘴も脚も長い大きなシギである。旅鳥として渡来し、一部（数百羽）が

コシャクシギ

嘴は黒く、下嘴はピンク色。細めでわずかに下に曲がっている。頭は黒褐色で、頭央線状の部分と眉斑はバフ色

チュウシャクシギ

嘴は黒くて長く、コシャクシギより基部は太めで下に曲がっている。下嘴はピンク色味

ホウロクシギ

ダイシャクシギに似るが、顔からの体下面は淡褐色で黒褐色の縦斑がある

主に九州の干潟で越冬している。雌は雄よりも少し大きく、嘴もやや長い。羽衣と換羽の状態から判断して、幼鳥や若鳥は、成鳥より嘴が短い。

英名はCurlew。ダイシャクシギとホウロクシギの鳴き声は似ていて、その鳴き声のうち、太い大きな「ホーイーン」という声が「カーリューCurlew」とも聴こえるので、この名前である。つまり擬声語名。

ホウロクシギの語源には定説がないが、当然、「焙烙に似ているシギ」という意味であろう。焙烙とは食材を煎ったり、蒸焼きにするのに使う素焼きの土鍋のこと。

ダイゼン

大膳

英名：Grey Plover

学名：*Pluvialis squatarola*

科属：チドリ科ムナグロ属

全長：29cm

時期：冬鳥、旅鳥

ダイゼンの夏羽。胸から腹は黒い

ダイゼンの冬羽。胸は淡褐色

ダイゼンの幼鳥。胸は縦斑がある

おいしい肉がたっぷりついているため、天皇の食事のしたくをする「大膳職《だいぜんしき》」でよく使われたから。

ダイゼン（大膳《だいぜん》）とは変わった鳥名である。辞典によれば「大膳」は大膳職《だいぜんしき》の略。大膳職とは「昔、宮内省に属し、天皇の食膳や宴会などの際に臣下の食膳を司る所、また、その職名」のことである。『重訂本草綱目啓蒙』の「鷸」の項目には、シギの名がつく多くの鳥があげられている。そのなかに「大膳シギ」とあるのはダイゼンである。種ダイゼンはシギ科でなく、チドリ科の鳥なので、のちに名前からシギを除きダイゼンとなったのであろう。

シギ・チドリ類は美味なので、大膳職でもよく用いられていた。特にダイゼンは美味

なので、大膳の名をもらった。これが語源であろう。

鳥を見ると「うまそうだ」などと軽くいう人がいるが、ダイゼンは、肉が多く、うまそうな体型である。

ダイゼンの冬羽。腋羽が黒い

「たか」の話

雌雄、年齢により固有の名称がある。

オオタカの項（61頁）でふれたように、この鷹は雌雄、年齢により固有の名称がある。それらは中国から伝わった古い呼び名や日本の放鷹《ほうよう》家や鷲鷹類飼育家の用語である（放鷹とは鷲鷹類を飼い馴らし、それを放って、さまざまな鳥類や獣類を狩ること）。

『和《わ》名抄《みょうしょう》』では『広雅』（魏の張揖《ちょうゆう》撰の辞典）を引いて、オオタカの一歳鳥は黄鷹、日本で俗にいう「わかたか」。二歳鳥は撫鷹、俗にいう「かたがえり」。三歳鳥は青鷹、白鷹と解説している。さらに『漢語抄』（楊梅《やまもも》大納言顕直撰、『楊氏漢語抄』の略。漢語を和訳した字書）を引いて、雄は兄鷹、雌は大鷹という、と解説されている。

雄のオオタカは勢《せ》宇《う》、また兄鷹と書き、雌より小さいので「せう」と呼ぶ。雄より大きい雌は大鷹。後に兄鷹に対して雌の大鷹のことを弟鷹《だい》と称するようになった。

狩谷棭斎『箋注和名抄』は、「古語の妹《いも》兄《せ》の兄は、姉妹からみた兄弟。年上、年下にもいうから、この「兄」は、雌に対する雄の鳥の意の兄である。そして、兄鷹（雄）に対して弟鷹（雌）である」と注釈。

世界の放鷹の歴史はたいへん古く、紀元前２０００年頃に朝鮮半島・中国東部で始まったという。日本の放鷹については『日本書紀』仁徳天皇四十三年秋九月の条に興味深い記録がある。その記述のなかの「酒君《さけのきみ》（仁徳四十一年三月の条にある、百済から進上された王族）が百済では倶知《ぐち》といいます」といった鳥が、オオタカであるのかどうかはさて置き、今の鷹である。さらに現在の鷹狩でも使われている、足緒《あしお》や尾に小鈴をつけることや、百舌鳥野《もずの》で鷹を放ち、雌のキジを数十羽捕ったことが記されている。そしてこの月に鷹甘部《たかかひべ》（鷹を養うところの名称）が定められた。これは放鷹について記した確かな最古の文書である(Kenward 1985)。

『万葉集』巻十七、4011─4015で鷹が詠まれているほかにも、興味深いことに、大伴家持は真白斑《ましらふ》の鷹、真白の鷹を詠んでいる（巻十九、4154、4155）。鷹匠の埴輪も出土している。

「たか」の語源には決定的な説がない。古語は上述の倶知である。『古事記』の神武天皇の項には「宇陀の高城に鴫罠張る……鴫は障《さや》らず、いすくはし、くじら障る……」とある。「くじら」の「ら」は接尾語で、「くじら」は鷹とする説もある。

『東雅』は「タカは高也、その高飛をいう、とする説があるが、高く飛ぶのはタカだけではない。その勢は猛《たけ》なるをもってタカという。タカとはタケの転語なりしに似たり」と。

『大言海』も「高く飛ぶ」と「猛き」の両説をあげている。

オオタカ（撮影：安部）

長い嘴で、肩羽の黄白色が下に垂れる

タシギ

田鷸

英名：Snipe

学名：*Gallinago gallinago*

科属：シギ科タシギ属

全長：26cm

時期：旅鳥、冬鳥

田んぼでよく見られる鷸だから「田鷸」。地鷸の「地」も田んぼの「田」と同じ意味。

ここに掲載したタシギ、ハリオシギ、チュウジシギ、オオジシギ、アオシギは日本に分布するタシギ属（*Gallinago*）の5種である。アオシギ以外の4種はジシギ類と呼ぶ。ジシギは地鷸あるいは地鴫と書く。地は左記の田と同じであろう。シギの漢字は、鷸が正しい漢字で、鴫は国字。もちろん中国では鴫の字は使っていない。

　日本に分布するシギ類の多くは、春と秋の渡りの季節に立ち寄る旅鳥である。そのうち「内陸（淡水ともいう）棲シギ類」と呼ばれるシギの主要な棲息環境のひとつは、水田、休耕田、ハス田など。ア

オオジシギ

全体に白っぽさがある

ハリオシギ

嘴が短め

アオシギ

苔むした感じがする

チュウジシギ

タシギほど水中に入らない

オシギ以外の4種は、特にこういう環境に棲息している。

鴫は田と鳥を合わせた字である。この字は大昔につくられ、一般にはシギ類のどの種にも使われている。

『万葉集』にはシギを詠んだ歌が何首もあり、その内容から、ジシギ類を詠んだと考えられるものも幾つかある。

　アオシギも分類学上はタシギ属である。少数が各地に越冬していると思われる。しかし、前4種とは棲息環境が異なり、田にはいない。林のなかを流れる小河川や、農業地帯の丘陵沿いを流れる小河川などに棲息する。そのため見つけにくい。

タマシギ

玉鷸

英名：Greater Painted Snipe

学名：*Rostratula benghalensis*

科属：タマシギ科タマシギ属

全長：24cm

時期：留鳥

雌の上面には金属光沢があるが、雄にはあまりない（撮影：安部）

翼上面に円形の斑があるから「玉鷸」。目のまわりの模様が勾玉《まがたま》のようだからというのは私案。

タマシギは繁殖に関わる雌雄の役割が、一般の鳥とは逆で、しかも一妻多夫制である。つまり1個体の雌が数個体の雄と番《つが》いになって繁殖する。これに伴い、雌は鮮やかな羽《う》衣《い》で雄は地味な羽衣である。雌雄ともに翼上面、上尾筒に黄土色の円形の斑が多数ある。この円斑は翼をひろげないと、ほとんど見えない。この円斑のほか黄土色斑は、全体的には黄褐色の雄の羽衣のほうに顕著である。

名前はこの円斑によるもので、円斑を玉としたのだろう。江戸前期の『本朝食《ほんちょうしょっ》鑑《かん》』には「羽斑鳴」（訳注者は「はまだらしぎ」と読んで

子育ては雄がおこなう（撮影：安部）

タマシギの雌。目の周りが白い勾玉模様

いる）と記述されている。現在は、玉鷸と書く。私の考えでは、玉鷸の玉は、眼のまわりから後方に伸びる、よく目立つ白い勾玉《まがたま》形の線、眼は紐《ひも》を通す穴である。

頭頂の赤色は皮膚が裸出したもの

タンチョウ

丹頂

英名：Red-crowned Crane

学名：*Grus japonensis*

科属：ツル科ツル属

全長：140cm

時期：留鳥

タ

丹は「赤色」のこと。
頭頂部が赤いので「丹頂」。

一般にはタンチョウヅル（丹頂鶴）と呼ばれている。鳥類学関係では以前からツル（鶴）を略して、タンチョウという。どちらが正しいのかと尋ねられるが、これは正誤の問題ではない。

丹は赤、頂は頭頂部。特にこの部分に注目して「頭頂部が赤い鶴」。赤い頭頂部には普通の羽毛はなく、赤い皮膚が裸出している。

ナベヅル、カナダヅルなども同じように頭頂部が赤い。ナベヅルのこの部分の皮膚はやや堅い感じで、表面に細かい凹凸があり、糸状の特殊な黒い羽毛がまばらに生えている。おそらくタンチョウでも

黒い部分は尾羽ではなく、翼の一部

これに近いと思われる。

　額から頭頂部の赤色部分は、ふだんはあまり目立たない大きさであるが、ディスプレイ行動中や興奮状態になると後頭近くまで広がり、盛り上がる。

　日本のタンチョウは留鳥性が強く、北海道だけで繁殖する。かつて絶滅が心配された時代もあった。毎年行われているタンチョウ個体数調査による個体数が１００羽を超えたのは１９５８年ごろ。以後、研究・保護対策の成果があがり、約50年経った現在、１０００羽近くになっている。しかし、棲息環境の保全、確保は引き続き課題である。

雄の腰は白っぽい

チュウヒ

沢鵟

英名：Eastern Marsh Harrier

学名：*Circus spilonotus*

科属：タカ科チュウヒ属

全長：52cm

時期：留鳥、冬鳥

雌雄、年齢の区別は難しい

宙返りをするように飛ぶので、「宙」と「飛」からチュウヒではないか？

チュウヒという名前は、一般の人には何者か分からない変わった名である。漢字では沢鵟と書く。鳥に興味をもっている人でも、この漢字名を音で読むことはほとんどない。鵟は種ノスリとノスリ類のことで、沢鵟とは「沢に棲むノスリ」という意味である。山国の日本では、沢というと山地や山林地にある小沢、大沢、多少とも傾斜のある流れや川を指すことが多い。しかし、「沼沢地《しょうたくち》」というように、辞書によると「沢」とは「水が浅くたまった所、また、草木が生えている湿地」のこと。

チュウヒの主要な棲息環境は、ヨシ原のある河川敷、沼

タカ類としては足が長く見える

沢地、湖沼、干拓地など。これらの環境は「沢」に相当するので、この漢字が使われた。ノスリについては２０２頁に解説した。

和名のチュウヒの語源については、納得のいく説がない。私の考えを記す。①この鷹は主要な食べ物であるネズミ類を探しながら、ヨシ原の少し上空をたいがい水平に、直線に近いコースでゆっくり飛行する。②獲物を見つけると、とっさに宙返りするように体をひるがえして獲物を目指して降下する。③これから、「宙返り飛行をよく行うタカ」。約《つづ》めて「宙飛タカ」となり、タカが略されて「宙飛」である。

チョウゲンボウ

長元坊

英名：Common Kestrel

学名：*Falco tinnunculus*

科属：ハヤブサ科ハヤブサ属

全長：35cm

時期：留鳥

チョウゲンボウの雄。
頭部と尾羽上面は青灰色

チ

下から見た飛ぶ姿がヤンマに似ている。ヤンマを方言で「ゲンザンボー」などということから「鳥ゲンボー」か？

この鷹の語源には定説がない。語源にふれた記述も納得できるものがなかったが、吉田金彦編著『語源辞典・動物編』に興味深い記述がある。それを少し略して紹介する。

「チョウゲンボウの繁殖地の多い北関東を中心とした一帯に、トンボの方言にゲンザンボー、ゲンザンボ、ゲンザッポー、ケンザッポーなどがある。チョウゲンボウを下から見上げると、ヤンマトンボの滑空しているさまによく似ている。そういう連想からチョウゲンザンボー（鳥トンボ）という意に解したのではなかろうか」。

難題は少しは解けたのであ

雌と若鳥の区別は難しい

よく停空飛行をする

チョウゲンボウの交尾

ろうか。では、「ゲンザン」「ゲンザッ」とは何か。私には分からない。「ザン」「ザッ」は略され、人の名前の下につける愛称「坊」を添えて「チョウゲンボウ」とはなる。

チョウゲンは長元と書く。「長元」とは平安時代の年号（1028—1037）。幼少で即位した後一条天皇の代で、道長が「この世をば我世とぞ……」と歌った時代が形成された。長元坊という名前は江戸時代につけられたと思われるが、命名者が誰かは分からない。

後一条天皇を暗に長元坊と称し、この名を小型のタカの名としたのだろうか。

立ち止まると胸をよく張る

ツグミ

鶇

英名：Naumann's Thrush

学名：*Turdus naumanni*

科属：ヒタキ科ツグミ属

全長：24cm

時期：冬鳥

口を「噤《つぐ》む」からツグミ。ツグミは冬鳥。冬はよく聞こえた鳴き声も、夏になるとまったく聞こえなくなるから。

ツグミは、種ツグミならびにヒタキ科ツグミ属の鳥の名称。漢字は鶇が正字で、鶫は国字である。この国字は、誤ってこのように書いたことから生まれたと教えられた訳ではないが、私は使わない。しかし、国字と正字を無視して、鶫の字はよく使われている。もちろん中国の鳥類学書では鶇の字が使われている。

『和名抄《わみょうしょう》』の鶇鳥の項目には「唐韻に云う鶇、音は東。漢語抄に云う鶇鳥、豆久見、『辨色立成《べんしきりゅうじょう》』に云う馬鳥、鳥名なり」とある。平安時代には、鶇の字は「つぐみ」か「つくみ」と読まれているので、種ツグミあるいはツグミ類が、この名で認識されていた。

さらに古くは『風土記』(「出雲国風土記」)の出雲郡の物産に鶇とあり、この字を

初冬には群れることが多い

日本古典文学大系『風土記』(岩波書店)の校注者は、「辞書にツグミとある。『和名抄』に鶫に作る」としている。しかし私は鶫の字を「つぐみ」としている漢和辞典を見つけられない。

「つぐみ」の語源について、『大言海』には「噤《つぐ》みノ義、夏至ノ後、声無ケレバ云フ。又、馬鳥」と。つまり「噤」が語源であるという。噤とは、口をきつく閉じること、口を閉じてものを言わないこと。ツグミは冬鳥であるから、多数越冬していた「ツグミの地鳴きの声がさっぱり聴かれなくなる」ことに注目したのだろう。

喉を膨らませて鳴く

ツツドリ

筒鳥

英名：Oriental Cuckoo

学名：*Cuculus optatus*

科属：カッコウ科カッコウ属

全長：33cm

時期：夏鳥

鳴き声が、竹筒や茶筒の口を手のひらでたたくと出る音に似ているから「筒鳥」。

漢字名は筒鳥。この名前は特徴のある鳴き声による。その鳴き声（囀り）はやわらかい音で「ポポッポポッ……」と同じ調子で続く。近くで聴いても、あまり大きな声ではないが、遠くまでよく届く。この鳴き声が竹筒の口を手でたたくと出る音に似ているので筒鳥である。

うまい命名であると私は思うのだが、今ではよく理解されないことが多い。私の少年時代には竹は身近にあった。たとえば内径7～8㎝ぐらいの竹をのこぎりで垂直に切り、その切り口を手のひらでたたくとポン、ポンと軽い音が出る。空の茶筒の口をたたいても似たような音がするであろう。

その鳴き声が「ツツ……」とも聴こえるので、「ツツ鳥」。「ツツ」に「筒」の字を当てたのであろう。

初夏の頃には目立つ場所に止まっていることがある

雌雄では雄の尾羽のほうが長い

ツバメ

燕

英名：Barn Swallow

学名：*Hirundo rustica*

科属：ツバメ科ツバメ属

全長：17cm

時期：夏鳥、少数越冬

ツ

古名「つばくらめ」の「つばくら」は鳴き声から、「め」は「群れ」。土を集めて巣をつくるので、「土喰黒女」から転じたという説も。

現在では、ツバメの漢字は燕の1文字であるが、古くは燕に鳥を合わせた鷰も使われていた。たとえば『万葉集』巻十九、4144「燕《つばめ》来る時になりぬと鴈がねは……」の原文では燕、『日本書紀』天智天皇六年、持統天皇三年にある瑞鳥とされていた白いツバメは原文では鷰である。『和名抄《わみょうしょう》』では鷰。そして、鷰の和名は豆波久良米（つばくらめ）とある。同時代（平安）の『新撰字鏡』では豆波比良古（つばひらこ）である。日本古典文学体系『日本書紀』（岩波書店）の校注者は、「つばくらめ」と読んでいる。しかし何かを根拠に「つばびらく」とも読まれている。江戸初期発行の『日葡《にっぽ》辞書』になると、「ツバメのこととし

直線的に飛ぶことは少ない

ツバメの親子。空中から食べ物を与える

てツバクラメ、ツバクラ」とある。

「つばめ」の語源について、諸説をまとめて、『大言海』には「つばくらめ」の項目で「つばくらハ鳴ク声、めハ群ノ約ト云フ。或ハ、土喰黒女《ツチバミクロメ》、翅《ツバ》黒女、光沢《ツヤ》黒女、ノ略転ナド云フハ、イカガ」と。続けて「或ハ、ツバヒラコ、ツバビラコ。略シテ、ツバクラ、ツバクロ、ツバメ」と。なお、光沢黒女は『東雅《とうが》』にある説。クラは、「クラとは小鳥のこと」という柳田国男の説からである。

「つばくら」「つば」は複雑な囀りに含まれているツ、ヴィの音による。

ツミの雄。上面は青黒色

ツミ

雀鷹、雀鷂

英名：Japanese Sparrowhawk

学名：*Accipiter gularis*

科属：タカ科ハイタカ属

全長：27cm（雄）、30cm（雌）

時期：留鳥、夏鳥

ツミの幼鳥。上面は褐色

ツミの飛翔

スズメのような小鳥をよく狩ることから「須須美多加」といい、それが転じて「ツミ」。

ツミは、ハイタカ（205頁）、オオタカ（61頁）と同じ属のタカ。これら3種のなかで一番小さい。漢字名は雀鷹と雀鷂。鷂はハイタカのこと。『和名抄《わみょうしょう》』に、雀鷂とは「須須美多加、あるいは、豆美。よく雀を捕えて、ひっさげている鷹」とある。須須美は「すずび、すずみ、すずめ」と読み、「め」はスズメ、カモメなど鳥を表す言葉につく接尾語。雀は、種スズメだけでなく、「小鳥」の意。

豆美の「豆」は「小さい」の意。美（び）は、すぐ上の語の特徴や状態などを明示する接尾語である。

ツミの漢字名についている

雌に比べて雄は一回り以上小さい

雀は、「小さい」という意味と「小鳥をよく狩る」の意。

標準和名ツミは、上述の「豆美」による。

ツミは、ハイタカやオオタカ同様に、雌のほうが雄より大きい。掲載写真でよく分かるようにハイタカと同様に雌雄の羽色も異なっている。おそらく鷹狩りに使う必要から、これらの3種は、古くから雌雄に別の名がついている。ツミでは、雌はツミ、雄はエッサイという。漢字名は悦哉。悦のひとつの意は「喜んで従う」であるから、鷹狩り用のタカとして「飼いやすく、仕込みやすい鷹」の意かもしれない。

トウゾクカモメの冬羽。
ミツユビカモメを襲う

トウゾクカモメ

盗賊鷗

英名：Pomarine Skua

学名：*Stercorarius pomarinus*

科属：トウゾクカモメ科トウゾクカモメ属

全長：54cm

時期：周年

ほかの鳥を襲撃して、獲物を奪いとるから「盗賊鴎」。しかし、自分で狩りもする。

日本で見られるトウゾクカモメ科はトウゾクカモメ属4種からなる。トウゾクカモメ科の鳥はもちろん自分で魚やイカ類などを捕っているが、海鳥類を襲い、脅迫して食べ物を奪い取る習性がある特異なカモメ類である。この習性から盗賊鷗と命名。

トウゾクカモメ類に執拗に追いまわされた飛行中のアジサシ類、カモメ類、そのほかの海鳥類は恐れをなして、飲み込んでいた食べ物を吐き出してしまう。トウゾクカモメ類はそれを空中でくわえ取る。

トウゾクカモメとクロトウゾクカモメ（*S. parasiticus*、全長45cm）は、シロハラトウゾクカモメに比べて盗賊行為をよく行なう。

トウゾクカモメ属の3種は、いずれも北極圏で繁殖する海鳥である。日本にはトウゾクカモメ、シロハラトウゾクカモメ、クロトウゾクカモメの3種すべてが分布する。

3種とも北方棲の海鳥なので、非繁殖期もあまり南下しないようだが、南半球の海域でも越冬している。

食べ物を奪い取る採食習性と関連して、沿岸から外洋海

トウゾクカモメの夏羽。中央尾羽は長く、ねじれて見える

域まで広く棲息し、日本では主に北海道周辺や本州北部の沿岸海域で観察される。しかし稀には本州中部のカモメ類の多い沿岸や湾内まで南下して来る。

シロハラトウゾクカモメ

シロハラトウゾクカモメの夏羽。中央尾羽は非常に長い

頭から胸と上面は赤褐色をしている

トウネン

当年

英名：Rufous-necked Stint

学名：*Calidris ruficollis*

科属：シギ科オバシギ属

全長：15cm

時期：旅鳥

トウネンの冬羽

当年《とうねん》は「その年の生まれ」という意味。
トウネンが小さいので、
「1歳のような小さい鳥」という意味。

日本に分布する小型シギでトウネンの名があるのは、トウネン、ヨーロッパトウネン、オジロトウネンの3種だけ。

トウネンは当年と書く。当年とは、「この年生れのもの、小さなもの」という意味。その名のとおり、これら3種は全長14～15㎝の小さくてかわいいシギである。

sandpiperとstintは、小型のシギ類を意味する英単語であるが、厳密な使い分けはない。トウネンにはsandpiperとstintの両方がよく使われる。ヒバリシギ（219頁）とヒレアシトウネン（*C. pusilla*、全長14㎝）もstintが使われていることもある。

トウネンの群飛。シギ類の多くは群れで渡来することが多い

オジロトウネン

オジロトウネンの夏羽。日本では少ない旅鳥または冬鳥

ヨーロッパトウネン

ヨーロッパトウネンの夏羽。トウネンより喉の白い部分が広い

それ以外の小型シギでは一般に sandpiper である。

stint の語源は古く、かなり複雑なので略すが、stunt（発育停止、矮化）や中世後期の英語の stynte（愚かなもの）に関連して生まれた言葉である。もちろん、ほかのシギ類に比べて小さいことを意味している言葉である。

トウネンの英名の Rufous-necked（頸が赤褐色の）は、繁殖羽（夏羽）の特徴を表している。トウネンの近縁種で形態も羽色も似ているヨーロッパトウネン（*C. minuta*）の繁殖羽は、トウネンと少し異なり、喉や頸の色はかなり淡い。

顔の前部は裸出している

トキ

朱鷺、鴇、鴾
英名：Crested Ibis
学名：*Nipponia nippon*
科属：トキ科トキ属
全長：77cm
時期：野生個体は絶滅

ト

トキ色とは、朱色を帯びた淡い桃色。独特の色である。冬羽では、一見、白い羽衣だが、風切や尾羽は美しいトキ色。

トキの和名も漢字名も、語源、由来がよく分からない。『古事記』の綏靖《すいぜい》天皇の条に「御陵は衝田岡に在り」とあり、衝田岡が「つきだのおか」と読まれている。『日本書紀』安寧天皇元年の条では、同じことを「桃花鳥田丘」と表記し、同じ読み。宣化天皇四年の条には「天皇を大倭国の身狭《むさめ》桃花鳥《つき》坂《さか》上陵に」とあり、同じく桃花鳥を「つき」と読んでいる。『万葉集』巻十六、3886、原文の「都久怒」は、訓読み『万葉集』では「桃花鳥野《つくの》」。桃の花の色をしたこの鳥が、今のトキであると文学者、国語学者は定めている。『和名抄《わみょうしょう》』の鴇の項目には、「『玉篇』に云う鴇、和名は豆木。嘴は赤い。自呼之鳥也（自分の名を呼んで鳴く鳥、という意）。『楊氏漢語抄』にいう紅鶴、和名同じ。俗に鴾の字を用いるが、その出所不詳。『日本書記私記』に云う桃花鳥」とある。

トビ

鳶、鵄

英名：Black Kite

学名：*Milvus migrans*

科属：タカ科トビ属

全長：60cm

時期：留鳥

尾羽は三味線で使うバチの形をしている

飛翔能力に優れていることから、「飛び」が語源。

『日本書紀』巻三、神武天皇の大和平定の話には「長髄彦《ながすねびこ》との戦いで苦戦中、金色の霊《あや》しき鵄《とび》が飛来し天皇の弓先にとまった。その鵄光り照り輝き、状《かたち》は流電《いなびかり》のようであった。是に由り、長髄彦の軍は眩惑されて力戦できなかった。」とある。

『和《わ》名抄《みょうしょう》』の鴟の項には「本草に云う鴟、一名鳶。鴟の音はシ、鳶の音はエン、和名は土比……」とあるように、古くから土比（トビ）と呼ばれている。

辞典によると、漢字の鵄はトビ、鴟はトビまたはフクロウ、鳶はトビのことである。

現在、中国の鳥類学書では、種トビの漢名は英名Black Kiteと同じ意味の「黒鳶」である。

現在の日本では種トビを表す漢字は、鳶が広く使われている。

トビの語源について『東雅』には「ある人の説にトビは飛である、と。そうであれば、その意味は明らか。古語ではトといったのか。鴗をソヒ（カワセミの古称）、鵠をククヒ（ハクチョウの古称）というように、ヒは鳥を呼ぶ語であろう」とある。『大言海』も「能ク空高ク飛ベバ名トス」と。

トモエガモの雄。胸と脇腹の間に白い横斑がある

トモエガモ

巴鴨

英名：Baikal Teal

学名：*Anas formosa*

科属：カモ科マガモ属

全長：40cm

時期：冬鳥

トモエガモの雌。嘴基部に白斑

顔に巴の模様があるので「巴鴨」。

　トモエガモの雄の顔の模様は独特である。これを巴に見立てて巴鴨の名である。巴とは「うずまき」のこと。音は「ハ」、国訓は「ともえ」である。「ともえ」とは鞆《とも》に描いた絵のことで、鞆は「昔、弓を射るとき、左手につけた皮製の武具」のことである（異説あり）。現在、一般に「ともえ」模様というと、うずまき形の模様のこと。

　古名で「あじ」といわれたカモは、このトモエガモであるとされ、江戸時代には「味鴨」の名で知られ、棲息数も多かったようである。その語源は、味が良いカモによるともいう。

　小川三紀編『日本鳥類リスト』（１９０８）でも「ともえがも」と「あじがも」の名がまだ併記されている。

　種小名の*formosa*は、ラテン語のformosus（美しい）で、「台湾、Formosa」の意ではない。

　「カモ」の語源は２３２頁参照。

トラツグミ

虎鶫

英名：Scaly Thrush

学名：*Zoothera dauma*

科属：ヒタキ科トラツグミ属

全長：30cm

時期：留鳥

腹部には三日月模様がある

全身に黒い虎斑《とらふ》があるので「虎鶫」。大型なので「鬼鶫」の俗称もある。

全身にある黒い横斑を虎斑《とらふ》に見立て、「虎斑のあるツグミ」から虎鶫の名。種ツグミなどの大型ツグミ類よりさらに大きいので、俗名「鬼《おに》ツグミ」という。「鬼」は近縁の類に比べ「かなり大きい」「ずば抜けて大きい」ことを表す接頭語。

主に夜間、低い声で「ヒョー、ヒョー」と鳴くトラツグミの声は不気味でもあり、悲しげでもあり、淋しくも聴こえる。古語は「ぬえ」「ぬえどり」。『和名抄《わみょうしょう》』には鵼、沼江（ぬえ）とある。しかし「ぬえ」という名も、鵼という漢字も語源は不明である。後に鵺も「ぬえ」とよまれている。

『古事記』の大国主神の四、沼河比売《ぬなかはひめ》求婚の項に「やがて夜も明けようとして、山では鵼（原文は奴延）が鳴いている、野には雉が、庭では鶏が鳴き……」とある。

顔にはスズメのような黒斑はない

ニュウナイスズメ

入内雀

英名：Russet Sparrow

学名：*Passer rutilans*

科属：スズメ科スズメ属

全長：14cm

時期：留鳥、冬鳥

ニュウナイは「新嘗《にいなえ》」が語源という説がある。できたばかりの米を人より先に食べるから。

漢字では入内雀。その語源は、①「ニフ」「ニュウ」は黒子《ほくろ》のことで、このスズメには黒子がないから、「ニュウのないスズメ」すなわちニュウナイスズメになったという（柳田国男の説）。しかし私が調べた限りでは「黒子をニフ、ニュウという」という記述や解説は古語を含めて辞書にもない。

説②は『大言海』に「ニフナイは新嘗《にひなへ》の訛り。人より先に新稲を食う意か」とある。新嘗祭《にいなめさい》は11月23日（本来は陰暦11月の中の卯の日）に天皇が新米を神々に供え、自身でも召し上がる宮中行事である。かつてニュウナイスズメは秋になると北方から大群で飛来して稲作に被害を与えたという。②の説は、ニュウナイスズメが大切な米を食い荒らすことに関連して生まれたのだろう。

説③は、『江戸鳥類大図鑑』（堀田正敦著、鈴木道男編著）に「津軽領内に、馬などを献上している入内という地がある。ここで初めて捕獲されたので、この名」と。

入内雀の雄の羽衣は赤色がよく目立つ。『枕草子』には「かしらあかき雀」と。『日本書紀』天武九年「朱雀《あかすずみ》が南門にいるのが見られた」、十年「朱雀見ゆ」とある。この朱雀は入内雀かもしれない。

ノグチゲラ

野口啄木鳥

英名：Okinawa Woodpecker

学名：*Sapheopipo noguchii*

科属：キツツキ科ノグチゲラ属

全長：31cm

時期：留鳥

上面には暗赤色の金属光沢がある

ノグチは人名の「野口」。しかし、野口氏がどんな人物かは一切不明。

　種や亜種の和名に人名がついている鳥は幾種かあり、この鳥もその１種。ノグチゲラの「ノグチ」は人名。「ゲラ」はキツツキ類のこと。「キツツキの語源・由来」（１００頁）に記したように、「ゲラ」は「ケラ」の濁音。「ケラ」はテラツツキの転とする説と鳴き声説がある。

　この鳥は漢字で野口啄木鳥と書くのだが、「野口さん」がどういう人だったのかは明らかではない。

　ノグチゲラは、沖縄島だけに分布している日本固有種。１８８７年にSeebohmが記載、命名した。その際、標本の提供者Pryerの要請で、野口の名前が種小名になったという（久保１９９１、著者未見。松田２００３）。Seebohmは『The Birds of the Japanese Empire』（１８９０）の著者。

ノスリ

鵟

英名：Common Buzzard

学名：*Buteo buteo*

科属：タカ科ノスリ属

全長：55cm

時期：留鳥

正面から見るとダルマのように見える

ノ

野に顔を「こする」ような低空飛行で、地面にいるネズミなどの獲物を探すのが名前の由来。

漢字「鵟」が、おそらく明治時代以後、日本ではノスリを指す字として使われている。しかし、辞典によると、その字義のひとつはヨタカ（263頁）で、ノスリではない。現在の中国の鳥類学や図鑑では、鵟はサシバ（138頁）類に用いられている。たとえば種サシバは「灰臉鵟鷹」で、ヨタカ類は「夜鷹」である。

奈良時代から「くそとび」「のせ」と呼ばれるタカがあり、これはノスリかチョウゲンボウ（182頁）ではないかと推察されている。「くそとび」とは下品な名前である。この名は「鷹狩りには使えない鳥」という意の軽蔑した名

上面は一様に見える

前ともいわれている。十分に調べられず、これについて私はよく分からない。

ノスリという呼称について『大言海』には、「のせ」は「野《の》兄鷹《せう》の略か」とある。

野は林に対しての野。兄鷹（せう）は、ほぼ同大のオオタカ（61頁）の雄の呼称である。

ノスリは繁殖期には山地の森林に棲息する。しかし非繁殖期には山地だけでなく、低地の疎林、広い農地や原野、河川敷、埋立地などにも棲息している。こういう環境ではこの鷹は「野面《のづら》をするように低空飛行をして獲物を探す」ことから「野すり鷹」であろう、ともいわれている。

巣立ちした雛（左）に食べものを与えて飛び去る雄（右）

ノビタキ

野鶲

英名：African Stonechat

学名：*Saxicola torquatus*

科属：ヒタキ科ノビタキ属

全長：13cm

時期：夏鳥

草原や農耕地など、野で見られるヒタキなので「野鶲」。雄の夏羽に首飾り模様があるので、「首環のある」という意味の種小名。

ノビタキは野鶲と書く。文字どおり、野に住む小鳥である。夏鳥として、主に本州中部以北の平地や高原の草原、荒れ地、牧草地などで繁殖している。春と秋の渡りの時期には、低地の水田地帯、河川敷のススキ原などにも棲息する。

ノビタキ属（*Saxicola*）は10種からなる、属名はラテン語saxum「石、岩」、-colaは「……に棲むもの」。つまり「石や岩のある環境に棲む鳥」である。たしかにノビタキ属のなかには、このような乾燥した環境に棲息する種もある。種小名*torquatus*は「首環のある」の意。

亜種により羽《う》衣《い》は異なるが、日本で繁殖する亜種では、夏羽の雄は首飾りをしたように、上胸が明るい赤褐色である。

ハイタカ

鷂、灰鷹

英名：Eurasian Sparrowhawk

学名：*Accipiter nisus*

科属：タカ科ハイタカ属

全長：32cm（雄）、39cm（雌）

時期：留鳥

体下面の横斑は橙色みがある

素早く飛びまわり、小鳥を襲う。
「疾《はや》き鷹」が転じてハイタカになった。

漢字表記は鷂と灰鷹。『和名抄《わみょうしょう》』の鷂の項目に「『兼名苑』に云う鸇、一名鸇《せん》は鷂。鷂の音はヨウ、『漢語抄』に云う波之太賀《はしたか》、兄鷂は古能里《このり》」とあり、これから、「はいたか」の古名は「はしたか」であると分かる。「はしたか」の語源について『大言海』は、「嘴鋭鷹《はしときたか》ノ義。又、音便ニ、はいたか」と。これより納得のいく説は、『日本釈名』の「疾《はや》き鷹」である。吉田金彦編著『語源辞典・動物篇』は、さらに説明を加えて、「はしっこい鷹、「素早く飛び回る小鷹」。ハシは「早い」の意のハシ（疾）で、そのイ音便化したもの」と解説している。

現在では、種ハイタカは灰鷹と書くことが多い。灰鷹は、雌雄成鳥、ことに雄成鳥の頭部から背部のきれいな灰色の羽色による名前である。

嘴から頭部は滑らかに見える

ハシボソガラス

嘴細鴉、嘴細烏

英名：Carrion Crow

学名：*Corvus corone*

科属：カラス科カラス属

全長：50cm

時期：留鳥

ハ

ハシは「嘴」のこと。
嘴が細いから「嘴細烏」、
太いから「嘴太烏」。

現在、「からす」を表す漢字は烏と鴉。辞典によると鶋、雅も「からす」であるが、今は使われていない。『大漢和辞典』では鴉は「はしぶとがらす」とあるが、そうではない。

「カラス」の語源は、「カアカア」と鳴くその鳴き声による。「ス」はカケス（82頁）のスと同じ、鳥を意味する接尾語。

江戸時代のいつごろからか、ハシボソガラスとハシブトガラスが区別された。ちなみに現在の中国の鳥類学書では、カラス科は鴉科で、ハシブトガラスは大嘴烏鴉、ハシボソガラスは小嘴烏鴉、ミヤマガ

ハシボソガラスの成鳥

ハシブトガラス

嘴は太く、湾曲している

ハシボソガラス

嘴は細めで湾曲は浅い

ラスは禿鼻烏鴉である。

　和名のハシボソガラス、ハシブトガラス（*C. macrorhynchos*、全長57㎝）は、「嘴が細いか、太いか」の特徴による名前。鳥の観察を始めた人が最初に教わり、覚えることのひとつは、この2種の鳴き声の相異である。ハシボソガラスは「ガー、ガー」とやや濁り声、ハシブトガラスは「アー、アー」とやや澄んだ声である。漢字を当ててみると前者は「鴉」の、後者は「烏」の音読みに相当している。しかしこの2字には、その意味はない。

　英名のcrowは鳴き声の擬音語。

ハチクマの幼鳥。
体下面の色模様は千差万別

ハチクマ

八角鷹

英名：Honey Buzzard

学名：*Pernis ptilorhynchus*

科属：タカ科ハチクマ属

全長：55cm

時期：夏鳥

**ハチを好んで食べ、
クマタカに似たタカだから「ハチクマ」。
地下にあるハチの巣を掘り返して食べる。**

ハチクマという和名の意味は「ハチ（蜂）を好んで食う、クマタカ（角鷹）に似ているタカ」であろう。漢字では八角鷹と書かれている。『本朝食鑑《ほんちょうしょっかん》』の鵰（くまたか）の付録に次の記述がある。「八鵰。鵰の類で黒色、尾羽の斑文は……、間《まま》八字の斑《ふ》があり、もっとも珍しい。それで八鵰というのであろうか。これもやはり箭羽《やばね》に造り、奇を競うている。世俗では、八とは八幡《はちまん》の八で……、それで八字の斑のあるものが貴いのである。あるいは蜂鵰ともいう。そのわけは、蜂の雄々しい姿のようなためである、という。しかしこの説は当たっ

ハチクマの雌。養蜂の巣箱にハチの幼虫や蜜を採りにきた

ているとはいえない」と。

当時は、ハチ類を好んで食べる特異な習性はよく知られていなかった。漢字名、八角鷹に八の字がついているのは、『本朝食鑑』にある記述からであろう。

ハチクマはカエルやヘビ類なども捕食するが、巣内雛を育てる時期にはミツバチ、スズメバチ類などの地下にある巣を掘り出して、その盤状の巣そのものと巣に入っている卵、幼虫、蜜で雛を育てる。実に特異な習性がある。ハチクマの「ハチ」はこの習性による。英名Honey Buzzardのhoney（蜂蜜）もこの食性による。

ハヤブサ

隼、鶻

英名：Peregrine Falcon

学名：*Falco peregrinus*

科属：ハヤブサ科ハヤブサ属

全長：42cm（雄）、49cm（雌）

時期：留鳥、冬鳥

腹部の中央は縦斑で、脇腹は横斑

ハヤブサは「速い翼」が転じたもので、速く飛ぶことから。『日本書紀』や『古事記』にも見られる古い名前。

ハヤブサは『日本書紀』、『古事記』に登場する。まず『日本書紀』応仁天皇二年の条に、応仁天皇の皇后《きさき》と妃《みめ》が生んだ大鷦鷯天皇《おほさざきのすめらみこと》、雌鳥《めとりの》皇女《ひめみこ》、隼総別皇子《はやぶさわけのみこ》、等々としてみえる。次に、仁徳天皇（すなわち大鷦鷯天皇）四十年の条に、大鷦鷯天皇、雌鶏皇女、隼総別皇子（原文は隼別皇子）の間の重大事がおもしろく記されている。同じことが『古事記』の仁徳天皇の条にあり、原文は速総別《はやぶさわけの》王《みこ》の表記で登場する。そして「高行くや、速総別」とあり、また『日本書紀』仁徳天皇（四十年）に「鷦鷯と隼といずれか捷《と》き」とある。

ハヤブサの語源について、右記のことより『東雅《とうが》』は「ハヤブサはハヤトブサで、

飛翔時は翼の先端が尖って見える

ハヤは速い、トブサはツバサの転」としている。『大言海』も「速翼《はやつばさ》ノ略。鷹類ノ中ニテ、殊ニ猛ク速ケレバ云フ」としている。私は韓国語の知識がまったくないが、朴炳植『ヤマト言葉語源辞典』は、「翼が速いのではなく、速く飛ぶ鳥が正しい語源」と指摘している。

ハヤブサの漢字は、現在、日本では隼（音はジュン）。『和名抄《わみょうしょう》』など古文献では、鶻（音はコツ）もハヤブサである。

現在、中国の鳥類学書も「鶻」は用いず、種ハヤブサは「遊隼」または「隼」と記されている。

バン

鷭

英名：Common Moorhen

学名：*Gallinula chloropus*

科属：クイナ科バン属

全長：32cm

時期：留鳥

額から嘴は赤く、先端は黄色い

ハ

「護田鳥」すなわち「田の番をする鳥」から、バンとなったのだろう。

平安時代の『和名抄《わみょうしょう》』の鸐鷉の項に「『唐韻』に云う鸐鷉、音はタクグ、『漢語抄』に云う護田鳥、於須売止里《おずめとり》。護田なり。……一名澤虞すなわち護田鳥なり。常に澤にすみ人を見るとすなはち鳴く。主の官を守るに似たることあり。故にこの名である」とある。田を守護しているようなこの「おずめどり」はバンだろう、といわれている。ただし異説もある。

江戸時代の『本朝食鑑《ほんちょうしょっかん》』の鷭の項には、バンに相当する形態、色彩の記述があり、「……鴨類が去り尽くした初夏に、捕らえて上饌に供する。味はよい。……また一種に鷭

雛の頭部の皮膚は赤く裸出している

バンの若鳥。全体に褐色をしている

の大きなものがある」とあり、以下、オオバンに相当する記述が続き、その最後に「味もまたよい」とある。「おずめどり」は「うすめ」ともいわれたが、その語源は不明。

バンの語源については定説がない。護田鳥すなわち「田の番人をしているような鳥」という意味によるのだろう。

バンの英名はCommon Moorhen。moorの古い意味は沢地、henはニワトリやキジなどの家禽の雌のこと。地味な羽色で尾も短いことからhenがつけられた。別名はWaterhen。現在、中国の鳥類学では、バンは「黒水雞」あるいは「紅冠水雞」である。

嘴が太短く、額と嘴に角度がある

ヒシクイ

菱喰

英名：Bean Goose

学名：*Anser fabalis*

科属：カモ科マガン属

全長：85cm

時期：冬鳥

少なくともこの50年前ころから、日本で越冬する雁の大部分はヒシクイとマガン（234頁）である。ヒシクイの漢字名は菱喰。

ヒシ（菱）の実を食べるから「菱喰」。しかし、ヒシの実だけを特別好んで食べるわけではない。

特別にヒシやヒメビシの果実を好んで食べるわけではないが、菱喰雁。雁は略。ヒシクイやマガンは植物食で、イネの落穂、イネ科の種子、水草類の葉、茎、根などを食べている。大きなため池や琵琶湖のように湖岸の浅場にヒシ類が生えている環境では、池干しや水位の低下によりヒシ類が池底や湖底にたまると実際にヒシ類の果実も食べている。ヒシ類の果実のかたい殻や刺も、鳥類の強い胃酸により消化できるのだろう。

　以前は、人がヒシの実を食べるのは珍しいことではなかった。クリほど甘くはないがおいしい。

亜種オオヒシクイの群れ。ヒシクイの多くは本亜種である

ヒドリガモの雄。額から頭頂のクリーム色はよく目立つ

ヒドリガモの雌。頭部は褐色に黒斑

ヒドリガモ

緋鳥鴨

英名：Eurasian Wigeon

学名：*Anas penelope*

科属：カモ科マガモ属

全長：49cm

時期：冬鳥

ヒ

雄の頭が緋色なので「緋鳥鴨」。
アメリカヒドリの英名の別名はBaldpate。
baldは「頭が白い」こと。ハクトウワシもBaldeagle。

ヒドリガモは、漢字では緋鳥鴨と書く。辞書によると緋色は、赤、燃えるような紅色のほかに、黄ばんだ赤色をいう。緋鳥鴨の「緋」は、雄の顔や頭部が赤褐色である特徴による。

江戸時代には「ひどり、緋鳥」の名であるから、のちに鴨をつけたのだろう。「カモ」の語源は232頁参照。

ユーラシアの高緯度地域に広く繁殖しているので、英名はEurasian Wigeon。日本では九州以北の各地の沿岸、河川、湖、池などで比較的普通に見られる冬鳥。

近縁種のアメリカヒドリ（*A. americana*、全長49cm）

アメリカヒドリ

アメリカヒドリの雄。頭頂は淡いクリーム色

アメリカヒドリの雌。頭部は白地に黒斑

は北米大陸の中・高緯度地域に広く繁殖する。日本には少数が渡来、越冬している。

　掲載写真で分かるように、アメリカヒドリの雄の顔や頭部は緋色ではないが、近縁種なので名前を借りて「アメリカのヒドリガモ」。英名はAmerican Wigeon。

　Wigeon の語源は興味深い。Macleod（1954）とLockwood（1984）とにより略述すると、Wigeon はフランス語の vigeon を借りたもの。この語は、ツルの1種の意の vipio が語源で、ガリア地域の古ラテン語 vibionem にさかのぼる。ヒドリガモの鳴き声の擬音語という。

ヒバリ

雲雀

英名：Eurasian Skylark

学名：*Alauda arvensis*

科属：ヒバリ科ヒバリ属

全長：17cm

時期：留鳥

飛翔しながら囀る

ヒバリの成鳥

晴れた日に鳴くから「日晴り」説と、「ピバリ」の転で、「ピーピー」鳴くからという説がある。

『古事記』下巻、仁徳天皇に「雲雀は天《あめ》に翔《かる》る」と記されている。原文ではヒバリは比婆理である。『万葉集』巻十二、4434「雲雀あがる春べとさやになりぬれば都も見えず霞たなびく」の原文でも比婆理であるから、「ひばり」は古い名称である。

『和名抄《わみょうしょう》』は「雲雀―『食経』に云う雲雀、和名は比波理……」と。

「ひばり」の語源については2説がある。①『東雅《とうが》』では「ヒバリとは日晴たり。此鳥日晴れぬれば、飛鳴して雲端に上がるをいふ也といひけり。……俗に呼て告天、嘄天……とも」と。これから「日《ひ》晴鳥《はれとり》」が語源とする。②たとえば幸田露伴は「音幻論」で、「雲雀《ひばり》は日晴《ひばれ》の義とするが、ヒは今のピでピバリで、鳴声だったのではあるまいか」と、擬音説である。

ヒバリシギ

雲雀鷸

英名：Long-toed Stint

学名：*Calidris subminuta*

科属：シギ科オバシギ属

全長：14cm

時期：旅鳥

ヒバリシギの夏羽。足の色は黄色っぽい

小さなシギで、背中の羽毛がヒバリ似なので「雲雀鷸」。おもしろ味はないが、とても率直な命名。

　ヒバリシギの漢字名は雲雀鷸。「小さくて、上背面の羽毛がややヒバリに似ている」ことによる命名だろう。ウズラシギ（鶉鷸）と同様に、特徴のない名前ではある。

　干潟には出ず、いわゆる内陸棲、淡水棲の小型シギの1種。しかし、ヒバリのいるような環境を好むわけではなく、海岸の後背部にあるハス田や湿地、水のある休耕田、河川の湿地などに棲息する。タカ類から身を隠しやすい、多少とも草類が生えている環境を好む性質がある。

　大きさも全体的な羽色も似ているアメリカヒバリシギは国内での正式な記録はないが、この2種の明かな形態上の相異は、ヒバリシギのほうが趾《し》（足の指）が長いことで、特に中趾は長い。しかし野外観察では識別は難しい。

ヒヨドリ

鵯

英名：Brown-eared Bulbul

学名：*Hypsipetes amaurotis*

科属：ヒヨドリ科ヒヨドリ属

全長：28cm

時期：留鳥

顔のレンガ色が目立つ

「ヒーヨ、ヒーヨ」という鳴き声が語源。平安時代は「比衣土里」なので、昔から鳴き声に注目した命名。

ヒヨドリという名称はヒヨドリ科の総称、または種ヒヨドリの名前。ヒヨドリ科は約120種からなり、アジアとアフリカの温帯から熱帯に分布。大部分の種が留鳥である。種ヒヨドリは、フィリピン諸島最北部、台湾、日本列島などでのみ繁殖する準日本固有種。ヒヨドリ科のなかで最も北方に進出している種である。

ヒヨドリは漢字では鵯と書く。現在、中国の鳥類学でもヒヨドリ科は鵯科である。ヒヨドリ属の鳥は、体の大きさの割にずいぶん脚が短い。中国では、ヒヨドリ属のことを「短腳鵯」と書く（腳は脚の字の正字）。種ヒヨドリは

海上を群れて渡る

耳羽《じう》が褐色なので「栗耳短脚鵯」である。そして、英名はBrown-eared Bulbul。

平安時代の『和名抄《わみょうしょう》』では、「鵯―『食経』に云う鵯、音はヒ、和名は比衣土里（ひいどり）」とあるから、当時は「ひいどり」。江戸時代前期の『本朝食鑑《ほんちょうしょっかん》』では「鵯―比衣土里、今は比与止利《ひよどり》」とある。既にこのころには「ひよどり」となっていたことが分かる。

語源については、①稗《ひえ》を食うからという説と、②ピーピー、ヒーヒー、ヒーヨなど騒がしく鳴くので、その擬音語という説がある。後者の説が自然で、納得できる。

地上で採食し、驚くと樹に上がる

ビンズイ

便追、木鷚

英名：Olive-backed Pipit

学名：*Anthus hodgsoni*

科属：セキレイ科タヒバリ属

全長：16cm

時期：留鳥

「ビンビン、ツイツイ」と鳴くから「ビンズイ」。風変わりな名前も鳴き声を知っていれば納得。

ビンズイとは変わった名前である。漢字では、便追あるいは木鷚と書く。現在、中国の鳥類学ではタヒバリ属（*Anthus*）の鳥に「鷚」の字を用い、ビンズイは「樹鷚」である。

ビンズイの語源はその囀りによる。中西悟堂「野鳥の名」から少し長く引用する。「梢頭にとまって鳴く習性があって、ヒバリに似た声で鳴くし、一名キヒバリ（木雲雀の意）とも言う。……昔は便追という字が宛ててあって、……最初は何か意味のありそうな名に思っていた。……何のことはない、ビンビン、ツイツイという鳴き声から出た名だと……」。ビンズイの囀りを知っている人なら、この説明は理解できるであろう。

越冬期は、数羽の群れになり、公園、庭園、海岸などの下木層が少なく林床が整理されたマツ林によく棲息し、静かに暮らしている。

ヒ

フクロウ

梟

英名：Ural Owl

学名：*Strix uralensis*

科属：フクロウ科フクロウ属

全長：50cm

時期：留鳥

顔の大部分は集音器の役割

フクロウの名前は鳴き声が由来。各地にさまざまな方言がある。

国語学者、文学者などが「ふくろう」であろうとする鳥は、古く『日本書紀』に記されている。皇極天皇三年三月に「休留《いひとよ》が豊浦大臣（蝦《え》夷《みし》）の大津（今の泉大津）の家の倉に子産めり」と。フクロウの繁殖期なので、「休留」はフクロウだろう。さらに、天武天皇十年八月には「伊勢の国が白い茅鴟《いいとよ》を貢れり」。『常陸風土記、茨城郡《うばらきこおり》』には「都知久母《つちぐも》が住んでいて、……その性は狼、情は梟」とある。

平安時代の『和名抄《わみょうしょう》』の鵂鶹の項には「……『漢語抄』に云う以比止與《いひとよ》……」と。江戸時代の狩谷棭斎『箋注和名抄』により、釈然としないが、布久呂布《ふくろふ》にたどりつく。

典型的な鳴き声（囀り）は「ホホ、ホーホー」と記すより「法法、五郎助奉公」「五郎助奉公」「ぼろ着て奉公」という聴きなしがいい。

ブッポウソウ

仏法僧

英名：Oriental Dollarbird

学名：*Eurystomus orientalis*

科属：ブッポウソウ科ブッポウソウ属

全長：30cm

時期：夏鳥

空中を飛ぶ虫を捕る

「ブッポウソウ」と鳴くと思われていたので「仏法僧」。そうではないことが分かっても、名前はそのまま。

ブッポウソウ科のブッポウソウとフクロウ科のコノハズクにまつわる謎は、一般のバードウォッチャーには多少とも知られている。それについてはコノハズク（130頁）のところで解説した。繰り返しになるが、ブッポウソウは「姿の仏法僧《ぶっぽうそう》」、コノハズクが「声の仏法僧」である。

　ブッポウソウは夏鳥で本州、四国、九州の低山地で繁殖する。約50年前でも、どこにでも棲息している鳥ではなかった。近年、一部の地域は別にして、各地でなお減少している。普通は山地の神社、寺院などにあるスギ、ヒノキ、ケヤキなどにある樹洞やキツツキの開けた穴で営巣している。森林内にすむ鳥ではないので、姿は人の眼にとまりやすい。囀りといえる鳴き声はないが、繁殖期には「ゲ、ゲ、ゲゲ」と濁った声で鳴く。その姿というか、羽衣《うい》は美しい。

フ

ヘラサギ

篦鷺

英名：Eurasian Spoonbill

学名：*Platalea leucorodia*

科属：トキ科ヘラサギ属

全長：86cm

時期：冬鳥

翼の先が黒いのは若い個体

嘴が「篦《へら》」のような形。姿が似ているので「サギ」とつくが、サギとは別のグループの鳥。

ヘラサギとクロツラヘラサギはトキ科の鳥である。嘴が長くて薄い板の篦《へら》のようなので、この名である。

サギ科ではないが、一見、白鷺のようなので、サギと名づけられた。篦状の嘴の先端部はご飯しゃもじ形で、水深が浅い所で嘴を少し開き、左右に振り動かして魚や底棲動物を採食する。

数十年前は両種とも稀な冬鳥で、ヘラサギのほうが多かった。最近ではヘラサギの渡来数は減り、クロツラヘラサギの渡来数が増加している。主な渡来、越冬地は九州の和白干潟、曽根干潟、有明海の干潟、万之瀬川ほか大きな川の河口部と干潟である。おそらく最近の全国のクロツラヘラサギの越冬数は百羽に近く、ヘラサギは数羽であろうか。沖縄県など、九州以外でも数羽が越冬し、晩秋の渡来期に立ち寄る所もある。

ホオジロ

頬白

英名：Meadow Bunting

学名：*Emberiza cioides*

科属：ホオジロ科ホオジロ属

全長：17cm

時期：留鳥

ホオジロの雄。黒い顔にある白い部分は頬線

頬が白いので「頬白」。ホオアカは白い頬線もあるが、その内側が赤いので「頬赤」。

ホオジロ類の古称はシトドという。シトドについてはアオジ（14頁）とコラム（150頁）で解説した。

ホオジロは頬が白いのが名前の由来であるが、「頬は白くない。その名前は間違っている」とよく言われる。語源に関する本でも、同じことを指摘しているものがある。

しかし、この意見は正しくはない。掲載写真で分かるように、ホオジロには口の基部から斜め下に太い白い線がある。この線の名称は研究者や国によって必ずしも同じではないが、白い頬線と見なせる。

一方、ホオアカ（*E. fucata*、全長16㎝）にはホオジロ同様

ミヤマホオジロ

ミヤマホオジロの雄。頭部、顔、胸は黒い。眉斑と喉は黄色。上面は茶褐色で、灰色の部分がある

ミヤマホオジロの雌

ホオアカ

ホオアカの雄。頭が灰色で、細かい黒斑がある。頬は茶色。上面は茶褐色。喉から胸は白い

ホオアカの冬羽雌

ホオジロ

ホオジロの雄。眉斑、頬線、喉は白く、頭側線、過眼線から耳羽、顎線は黒い。頭頂は褐色

ホオジロの雌

の白い頬線もあるが、その内側の頬部と耳羽が赤褐色なので頬赤の名である。コホアカ（*E. pusilla*、全長13㎝）は、ホオアカと同様の部分が赤褐色で、ホオアカより小さいので小頬赤である。

　ミヤマホオジロ（*E. elegans*、全長16㎝、留鳥）は深山頬白。深山とは人里から離れた深い山のこと。また、「中心的な地域から離れた遠隔の地」の意。以前は朝鮮半島での繁殖しか知られていなかったので、この名である。数十年前に対馬、九州北部で少数が繁殖していることが分かった。渡来数は多くはないが、主に本州中部以南で越冬する冬鳥。

シラビソの枝上に止まって辺りを見張る

ホシガラス

星鴉、星烏

英名：Spotted Nutcracker

学名：*Nucifraga caryocatactes*

科属：カラス科ホシガラス属

全長：35cm

時期：留鳥

全身に「星」のような白斑があるのが名前の由来。木の実を食べるので、英名も属名もナットクラッカー。

ホシガラスはカケス（82頁）より少し大きいカラス科の鳥。掲載写真でよく分かるように、ほぼ全身に星をちりばめたような白い斑があるので「星ガラス」という。ホシムクドリ、ホシゴイ（ゴイサギの幼鳥、118頁）の星もホシガラスの例と同じ。

英名はSpotted Nutcracker。属名は*Nucifraga*。nucis（ラテン語でナッツ、殻の堅い木の実）とfrangere（細かく割る）からなる。つまり英名も属名も「クルミ割り器」という意味。種小名*caryocatactes*も、英語nutcrackerの意のギリシャ語による。

そして、Eurasian Nuthatchはゴジュウカラ（149頁）の英名。語意はnuthacker。すなわち、「堅い木の実を切りきざむ鳥」。古くはnuthackerであった。

ホトトギス

杜鵑

英名：Lesser Cuckoo

学名：*Cuculus poliocephalus*

科属：カッコウ科カッコウ属

全長：28cm

時期：夏鳥

止まる姿を見ることは少ない

「キョッキョ、キョキョキョ」を「ホットホトギ」と聞き、鳥を意味する接尾詞「ス」がついてホトトギス。

ホトトギスの名前は鳴き声による。カッコウ（85頁）とホトトギスの声（雄が発する囀りに相当する声）のごく普通の声を片仮名で記してみると、カッコウは「カッコー」、または「クックー」。ホトトギスはカッコウほど容易でないが、「キョッキョ、キョキョキョ」。

鳥の声は、聴く環境、聴く人の精神状態、感性、聴覚などの相異に影響されて、さまざまに聴きとられる。カッコウの声は「のどか」に聴こえ、ホトトギスの声は「せわしく」、また「鋭く」感じられることが多い。ホトトギスの「ス」は、鳥を表す接尾語であるから、鳴き声に相当するのは「ホトトギ」の部分になる。ホトトギスの鳴き声を、仮に「ホットホトギ」（このような声は感情が高まったときの声）と聴いても、それほど不自然ではない。

「ほととぎす」と「かっこう」

『万葉集』の霍公鳥は「ほととぎす」なのか「かっこう」なのか、解釈は難しい。

『万葉集』には「ほととぎす」が156首も詠まれている。しかし、この時代には、今の種ホトトギスと種カッコウが区別されていなかった、と考えられる。今でも、この2種とツツドリの3種の野外識別は簡単ではないから、奈良時代はもちろん、それ以後も、これらの鳥が明確に区別されていなくても不思議ではない。

万葉仮名の原文では、156首の大部分が霍公鳥である。『角川・漢和中辞典』によれば「霍の音はカク（クヮク）、公はコウ（漢音）、ク（呉音）であるから、霍公は「カッコウ」とよめる。霍の字の意味は、「はやい」意の語源から、雨がにわかに降ることが原義。従来、鳥の飛ぶ音声の意というのは誤り……」とある。

『大言海』をみると、「ほととぎす」を表す漢語として、杜鵑、子規、杜宇、不如帰去ほかをあげ、和語として霍公、郭公、時鳥をあげている。したがって、霍公、霍公鳥は奈良時代に生まれた古い言葉なのであろう。

なお、訓読み『万葉集』に「かっこう」はない。訓読み『万葉集』で「ほととぎす」とされている上述の歌のうち、「ほととぎす」の霍公鳥以外の表記は、保登等藝須、保等登藝須、保登等伎須などである。たとえば巻八には、大伴家持の「ほととぎす」を詠んだ歌が数首あり、その題詞も歌も、「ほととぎす」の原文表記は霍公鳥である。

霍公鳥の歌について、「ほととぎす」なのか、「かっこう」なのか、どちらが相応しいかを考察することはできるが、なかなか難しい。そして、訓読みにすると、「かっこう」は実に語呂が悪い。『角川・漢和中辞典』と藤堂明堂『漢字の話』によると、「ホトトギスの漢語の別称、不如帰は鳴き声が不如帰去（ブルクイチュイ、帰るにしかず）と聞こえるからという。そして故郷を離れた旅人に帰心を抱かせるので「思帰」とも呼ぶ。それがなまって「子規」とも書くようになった。正岡子規はこれに由る」と。

興味深いことに、「ほととぎす」の託卵性について詠まれている。少し長いが、それを紹介する。『万葉集』巻九1755、霍公鳥を詠める一首「うぐひすの生卵（かいこ）の中にほととぎす　ひとり生まれて　己が父に　似ては鳴かず　己が母に　似ては鳴かず　卯の花の　咲きたる野辺ゆ……」と。ウグイスに託卵するのはホトトギスに違いはない。

ホトトギスはカッコウより少し小さいが、全体の羽色も斑紋も似ている。万葉人は、この2種をどう見ていたのだろうか。

霍公鳥という言葉をつくり、使っているのだから、「かっこう」と鳴く鳥は十分に知られていた。一方、「ほととぎす」は上述のように万葉仮名で「ほととぎす」と表記されているのだから、その鳴き声もよく知られていた。鳴き声は異なるが、姿と羽衣がよく似ている、この2種類の鳥はどう思われていたのだろうか。題詞では「霍公鳥」の字を使い、歌のなかでは「保登等藝須」と記している、同類の雄雌か、兄弟か、同じ鳥が「ほととぎす」とも「かっこう」とも鳴くのか、と思われていたのかもしれない。

カッコウの雄

マガモ

真鴨

英名：Mallard

学名：*Anas platyrhynchos*

科属：カモ科マガモ属

全長：59cm

時期：留鳥、冬鳥

雄の中央尾羽は上にカールしている

マガモの雄と雌

**カモを代表する
カモのなかのカモだから、
「真」がついて「真鴨」。**

マガモは真鴨と書き、「真」は名詞や形容詞につく接頭語。現代語の辞典を開くと、その意味のひとつとして「生物の同類のなかで一番標準的なもの」とある。そのとおり、真鴨の「真」はこの意味である。

「真」は古語である。『岩波古語辞典』によれば、「真」は「そろっている、完全である、本物である、すぐれている、などを表す」とある。真鯛、真鯖、真鯉、真雁などの「真」もこの意味である。

英名はMallard。Macleod(1954)によると古フランス語のmalardによる。maleは「雄」で、-ardは男性名詞につく接尾語。初めは、Mallardは雄だけに用いられていた名詞。

「カモ」の語源については次の説がある。①浮《うか》ぶ(む)鳥の略転。②古くはカモメ類とカモ類は明確に区別されず、鴨《かも》群《む》れの約、という。

昼間は群れて休息していることが多い

嘴はピンク色で、額は白い

マガン

真雁

英名：Greater White-fronted Goose

学名：*Anser albifrons*

科属：カモ科マガン属

全長：72cm

時期：冬鳥

腹部には黒い横斑

名前は鳴き声に由来するので、本来は「かり」。

奈良時代にしろ、江戸時代にしろ、ガン類のどの種が多く渡来、越冬していたのか明らかではない。現在に比べ江戸時代には、種カリガネは多数渡来してたともいわれている。

『万葉集』には「かり」「かりがね」として、渡来、渡去、鳴きゆくさまなどが60数首詠まれている。原文では鴈の字である（この漢字は雁と同じ。音はガン）。巻十「詠鴈」の、「秋風に大和へ越ゆるかりがねは……」の原文では「鴈鳴」、「雨雲の外にかりがね聞きしより……」でも「鴈鳴」である。

つまり、訓読みの「かりが

飛翔中は雁行をなすことが多い

カリガネ

マガンよりかなり小型のガンである

ね」は種カリガネだけを指すものではなく、詠まれているのはガン類である。「かり」の語源は、その顕著な鳴き声による。種マガン、種カリガネ、種ヒシクイの鳴き声に相異はあるものの、鳴き声を「かり」と聴いて、その名としたことには、異存はないだろう。

菅原浩・柿沢亮三編著『鳥名の由来辞典』の指摘によると、「鎌倉時代の軍記物語で語調を強めるために、漢字が音読みされるようになり、雁の字はガンと音読みされた」という。

その後、真雁（マガン）と雁金（カリガネ）が区別されるようになり、この漢字表記の名前が生まれたのであろう。

マガンの漢字表記は真雁。「真」はマガモ（232頁）で解説したように、「同類のなかで標準的なもの」を表す接頭語。すなわち、そういう鳥とみなした名前である。

マナヅル

真鶴

英名：White-naped Crane

学名：*Grus vipio*

科属：ツル科ツル属

全長：127cm

時期：冬鳥

「ま」は真鴨の「真」と同じ。「な」は古語で「食べ物」。ツルを代表するツルで、食べることもあったのが由来とも？

「つる」は『万葉集』に46首詠まれている。その種は明らかでないが、訓読み『万葉集』では、「つる」はすべて「たづ」と読まれている。原文の万葉仮名では鶴が19首、白鶴が1首、そのほかは多頭、多豆、多津、多都である。

『和名抄《わみょうしょう》』の鶴の項には「『四声字苑』に云う鶴、音よみはカク、和名は豆流……『唐韻』に云う鹷、音はレイ、『漢語抄』に云う多豆。俗にいう鶴、葦鶴《あしづる》なり」とある。以下、語源について略記する。

「たづ」も「つる」も鳴き声によるとする説があるが、納得できない。「たづ」の語源についても定説はない。吉田

マナヅルの北帰行

マナヅルの成鳥（左・右）と若鳥（中央）。越冬中は家族で生活している

金彦篇著『語源辞典・動物篇』は、「……田鶴説が通説であるが、『万葉集』には葦鶴という用例も多いことを考えると、……水のある田の津に来る鳥の和語である」としている。しかし『万葉集』には「葦鶴」の例は数首しかない。

　私が思うに、越冬期のツルは群れになるのは普通で、警戒したりすると一斉に頭を上げる。「たづ」とは「多頭」で、このようなときに印象的な「多数の頭」であろう。「つる」の語源は、地上の群れが自然に飛び立つときや群れの飛行状態から、「たづさう」「つれそう」に由来すると思われる。

　マナヅルは真鶴または真名鶴と書く。「真」はマガモ（232頁）で解説したとおり「同類のなかで一番標準的な」という意味。

　『東雅』によると、「古語では、魚菜の類すべて食うべきものをナと云ひけり」とあり、マナヅルの「ナ」もこのナと思われる。ツル類は時代によって、一般の食物であったり、将軍に限る食物でもあった。

マミジロの雄。全身が黒く、白い眉斑が目立つ

マミジロ

眉白

英名：Siberian Thrush

学名：*Zoothera sibirica*

科属：ヒタキ科トラツグミ属

全長：23cm

時期：夏鳥

マミジロの雌。頭からの上面がオリーブ褐色で、眉斑と頬線、喉は黄白色

マミは「眉」のこと。雄はほぼ全身が黒く、白い眉線が目立つので「眉白」。

マ

雄はほぼ全身が黒色で、太くて白い眉線があるので、「眉白」である。江戸時代には「まみじろつぐみ」「まみじろじない」などの別名もあった。以降、下略して今の名。雌には黒い羽毛はなく、ほぼ全身が褐色。胸腹部には黄褐色の斑が密にある。

夏鳥として渡来し、本州中部以北と北海道の山地や平地の林で繁殖しているが、棲息数は多くない。囀りはツグミ属（*Turdus*）の鳥、たとえばクロツグミとは明らかに異なる。声量は少なめで、静かな感じの囀りは、聴きようによって「チョボ、チー」と記せるので、「チョボチー」の俗称がある。

トラツグミ類の総称英名はGround Thrushともいい、その場合のマミジロの英名は、Siberian Ground Thrush。

マミチャジナイ

眉茶鶇

英名：Eyebrowed Thrush

学名：*Turdus obscurus*

科属：ヒタキ科ツグミ属

全長：22cm

時期：旅鳥、冬鳥

マミチャジナイの雄。目の上下に白い線がある

マミは「眉」、シナイは古語で「ツグミ」。眉があり、茶色いツグミだから「眉茶鶇」。

マミチャジナイは眉茶鶇と書く。鶇の音はセキ、訓はシナイ。シナイはツグミ類の古語で、アカハラ（22頁）で詳しく解説した。

マミチャジナイという名前は「眉線のある、茶色（褐色）のシナイ（ツグミ）」という意味。掲載写真で分かるように、白ないし淡い黄褐色の眉線がある。下嘴の基部から眼の下に伸びる同色の線（斑）もある。ただし、この眉線は、雄成鳥でははっきりしているが、雌や幼鳥では不鮮明である。

大部分の個体は旅鳥。年により少数が越冬している。秋の渡りの時期にはツグミよりかなり早く渡来し南下する。このとき、シナイの語源になっていると思われる、「ツイー」「シー」と聴こえる声をよく発している。この鳴き声はツグミ、シロハラの声とは明らかに異なっている。

ミサゴ

鶚

英名：Western Osprey

学名：*Pandion haliaetus*

科属：ミサゴ科ミサゴ属

全長：57cm

時期：留鳥

巣は何年にもわたって使用する

水中を探って魚を捕ることから「水探」→「みさご」。

「みさご」という名は古い和語である。『万葉集』巻十二、3077「みさご居る荒磯《ありそ》に生《お》ふる莫告藻《なのりそ》の……」の「みさご」は原文では三佐呉。ほか4首に見られ、水沙児、三沙児、美沙と記されている。なお、これら5首とも、「みさご」そのものは詠んでいない。

『日本書紀』巻七、景行天皇五十三年の条に「……上総《かみつふさの》国《くに》に至りて、海路より……。是の時に覺賀鳥《かくかのとり》（ミサゴ）の声聞ゆ。」とある。『和名抄』の鵰鳩の項には「『爾雅集注』に云う鵰鳩、鵰の音はショ、和名は美佐古。思うに、古語では覺賀鳥、加久加久乃土利と云う。」とあるように、これらの鳥は「みさご」のことである。覺賀鳥、加久加久乃土利の語源は、その鳴き声による。「みさご」は『大言海』にある「水深《みさご》の義」、「水中の魚を探る鳥」である。

ウグイを捕らえて飛び立った

ミゾゴイ

溝五位

英名：Japanese Night Heron

学名：*Gorsachius goisagi*

科属：サギ科ミゾゴイ属

全長：49cm

時期：夏鳥、沖縄では冬鳥

ミゾゴイの雄。喉から頸に黒い縦線が見られる

溝によくいる、ゴイサギに似た鳥だから「溝五位」。実際は沢のある山林の鳥。

バン（212頁）のところで「護田鳥、おずめどり」といわれた鳥は何か。ミゾゴイであるとする説とバン説がある。私はバン説をとったので、バンの項も参照されたい。

ミゾゴイの漢字表記は溝五位。「五位」は「五位鷺」（118頁）の略。ゴイサギより小さいが体形が似ていることと、ゴイサギと同じように夜間によく活動するので同類とみなした名。溝は、「溝によくいる」とか「溝のあるような所に棲息している」という意味だと思われる。しかし、ミゾゴイの棲息状態や環境を適切に表しているとはいえない。

ミゾゴイは夏鳥として本州から九州の平地や低山の樹木

巣は枯れ木を積み上げた粗末なもの

の茂った林で繁殖。少数が沖縄県南西諸島で越冬する。林内の樹上に営巣し、半夜行性なので姿は観察しにくい。しかし、日没頃から「ボー、ボー」と低い声で続けて鳴く声は独特で、遠くまでよく届く。主に山林内の湿地や小さな沢、林間の沢、渓流などでカエル類、サワガニ、水棲昆虫類などを捕食している。

したがって沢五位のほうが名前として適している。秋の渡りの時期には、林道に近い沢口に下りて獲物を狙っていることがあり、こういうときが観察しやすい。本種の確かな繁殖地は日本だけである。英名はJapanese Night Heron。

ミソサザイ

鷦鷯

英名：Eurasian Wren

学名：*Troglodytes troglodytes*

科属：ミソサザイ科ミソサザイ属

全長：11cm

時期：留鳥

移動中はよく尾羽を上げる

人を恐れず人家のまわりの溝にも現れるので「みそ」。「さざい」は「小さな鳥」という意味。

漢字表記は、『日本書紀』にある鷦鷯。「ささき」、「さざき」と読む。応仁天皇には多くの子があり、その一人は大鷦鷯天皇《おほさざきのすめらみこと》すなわち仁徳天皇。なぜ鷦鷯の名であるかについては、大臣武内宿禰《おほおみたけしうちのすくね》（木菟宿禰《つくのすくね》）との名前の交換に関するおもしろい記述がある。

『大言海』にあるように、ミソサザイの「さざい」は「さざき」の音便。「ささ」はスズメ（160頁）で記したように「細かいもの、小さいもの」につく接頭語。『東雅《とうが》』によれば、「き」は鳥、あるいは鳥につく接尾語。つまり、「さざき」は「小さな鳥」の意。「ミソ」は「溝」である。ミソサザイは人を恐れず、非繁殖期にはよく山里の民家の近くにも来て、家屋のそばや林縁の溝のような所の中で採食する。しかし、漢字名には溝の字はつけない。

ミフウズラ

三斑鶉

英名：Barred Buttonquail

学名：*Turnix suscitator*

科属：ミフウズラ科ミフウズラ属

全長：14cm

時期：留鳥

喉の黒いのは雌だけ

趾（足の指）が3本で、全身に斑模様があるウズラだから「三斑鶉」。

ミフウズラは外見がウズラ（43頁）類（キジ目キジ科）に似ているので、ウズラの名がついている。しかし分類学上は類縁関係はなく、チドリ目ミフウズラ科の鳥。

漢字名は三斑鶉であるが、「三斑」の意味が明らかでない。ミフウズラ科は14種からなり、オーストラリア、アジア、アフリカに分布。日本では奄美大島以南に留鳥として分布。

この科の鳥は、後趾《こうし》（趾は足の指のこと）がなく、前三趾しかない。この特徴から「ミフ」の「ミ」は「三」と思われ、「三足鶉」という別名もあるという。三趾であることと、全身の斑《まだら》模様が美しいことから「三趾で斑の美しいウズラ」を略して「三《み》斑《ふ》鶉《うずら》」となったと思われる。

英名Buttonquailのbuttonは「ボタン、小さくて丸いもの」、quailは「ウズラ」。全長14cmの小さな鳥の特徴による。

嘴はオレンジ色で虹彩は赤い

ミヤコドリ

都鳥

英名：Oystercatcher

学名：*Haematopus ostralegus*

科属：ミヤコドリ科ミヤコドリ属

全長：45cm

時期：留鳥、冬鳥

『万葉集』と『伊勢物語』の「みやこどり」、これらが今の種ミヤコドリなのか否か。江戸時代から鳥類愛好者と文学者が盛んに論じてきた。

難波京にちなんで
大伴家持が「都鳥」と名づけた。

『万葉集』にただ1首の「みやこどり」の歌、巻二十、4462「船競《ふなぎほ》ふ堀江の河の水際《みなぎは》に来《き》ゐつつ鳴くは都鳥かも」。「都鳥」の原文は美夜故杼里である。この歌の左注に、「右の三首は江の辺にて作れり」と。続く二首の左注に、「右の五首は、二十日、大伴宿禰家持、興に依りて作れり」とある。さらに前にある歌の題詞から、二十日は三月二十日とされ、陽暦四月下旬頃、難波京に近い堀江での家持作とされている。

この歌の鳥がどの種であるかはさて置き、都鳥の語源は、家持が「難波京にちなんで、都鳥と詠んだこと」であろう。

ムギマキ

麦蒔

英名：Mugimaki Flycatcher

学名：*Ficedula mugimaki*

科属：ヒタキ科キビタキ属

全長：13cm

時期：旅鳥

ムギマキの雄。喉から胸は橙色

ムギマキの雌。喉から胸の橙色は雄より淡い

麦を蒔《ま》く時期に出現して、秋の「麦蒔き」の時期を教えてくれるから。

ムギマキはキビタキ（103頁）に近縁のヒタキ科の小鳥。名前はムギマキヒタキの略で、麦蒔と書く。全長はキビタキより少し小さく、雌雄、年齢により羽衣《うい》がかなり異なる。春と秋の渡りの時期に通過する旅鳥。春、繁殖地に向かって北上するときと、秋、越冬地に向かって南下するときでは渡りのコースが異なるようで、秋のほうがよく観察される。ムギマキとは、文字どおり「麦を蒔《ま》く時期が来たのを教えてくれる鳥」という意味である。麦は普通は秋に蒔くので、この名が生まれたのであろう。秋の渡りの時期には、山地のいわゆる雑木林に棲息し、カラスザンショウやヤマハゼなどの実をよく食べている。昔は今よりもっと多く、庭先や農作業、山仕事の行き帰りに毎秋この小鳥に出会っていたのだろう。

ムクドリ

椋鳥

英名：White-cheeked Starling

学名：*Spodiopsar cineraceus*

科属：ムクドリ科ムクドリ属

全長：24cm

時期：留鳥

ムクドリの雄。嘴と足は黄色く、目立つ

椋《むく》の樹洞に巣をつくるから「椋鳥」であろう。今では椋の木ばかりに営巣するわけではないが。

ムクドリは椋鳥と書く。「椋《むく》」はムクノキのこと。語源には諸説ある。『本朝食《ほんちょうしょっ》鑑《かん》』には「常に椋木に棲んでいるので、こう名づける」とある。江戸時代後期の『飼籠《かいこ》鳥《どり》』では、ムクドリとコムクドリを解説し、「ムクドリは……多くは椋木の洞穴の中に巣をなし」と記している。『滑稽雑談』（著者未見、『日本国語大辞典』による）は、椋鳥の語源は「椋の実を群れはむところから」としている。「群木鳥」「群来鳥」「雲鳥」の表記もあるが、ムクドリが群れになる特徴による説。

ムクドリは関東はもちろん、今では関西でも多数、普通に

一年を通じて群れで生活する

コムクドリ

コムクドリの成鳥雄。頭部は淡いクリーム色

ムクドリの雌。頭部は淡色

繁殖している。しかし60年前には、たとえば兵庫県では大部分が冬鳥で棲息数も少なく、現在とは大違いであった。

『飼篭鳥』にも、「西土には更になし。関東には数百群を為す。夕に及んで天に群飛す。西土の人之を奇とす。常陸に入りては愈《いよいよ》多し」と記されている。もちろん今でもムクドリは樹洞で営巣するが、環境の変化に応じて数が急増し、樹洞以外のさまざまな所にも営巣している。しかし、昔を思えば、椋の樹洞は重要な営巣場所だったと考えられるので、椋鳥の語源は「椋の樹の樹洞で営巣する鳥」がいいと私は思う。

ムナグロの夏羽。上面には黄褐色みがある

ムナグロ

胸黒

英名：Pacific Golden Plover

学名：*Pluvialis fulva*

科属：チドリ科ムナグロ属

全長：24cm

時期：冬鳥

日本では夏羽の雄の胸から腹が黒いので「胸黒」。英語では背中の黄金色の斑に注目してGolden Plover。

繁殖羽（夏羽）では胸腹部が黒いので「胸の黒いチドリ」。チドリを略して「ムナグロ」の名である。近縁種のダイゼン（170頁）も、繁殖羽では胸腹部が真っ黒であるが、こちらは「大膳《だいぜん》」という変わった名前をもらっている。

近縁種のヨーロッパムナグロ、アメリカムナグロとこのムナグロは、体の大きさはほぼ同じで羽《う》衣《い》もよく似ている。総称英名Golden Ploverは「黄金色のチドリ」の意。背中、雨覆《あまおおい》、肩羽などの黄金色の細かい斑による名前。冬羽幼鳥の一部の個体は、実にきれいな黄金色の羽衣である。種小名*fulva*は「黄褐色の」という意味。

たとえばムナグロ、ダイゼン、ツルシギは、繁殖羽と非繁殖羽が著しく異なり、見事な変身である。

ム

メジロ

繡眼児、目白
英名：Japanese White-eye
学名：*Zosterops Japonicus*
科属：メジロ科メジロ属
全長：12cm
時期：留鳥

目の周りには刺繡のような羽毛がある

メジロは、鳥の好きな人に限らず一般の人にもかなり知られている鳥の一種である。眼のまわりが白いのでメジロの名、漢字では目白と書くが、昔から繡眼児と書いている。

眼のまわりが白いので「目白」。白色部分は刺繡《ししゅう》をしたような質感なので「繡眼児」とも書く。

鳥類標識調査などで、メジロを手にしたことがないとよく分からないと思うが、眼の周囲の白色部には白い絹糸のような質感の羽毛が生えている。その羽毛の生え方が刺繡《ししゅう》をしたようなので繡眼児の名である。「児」は、この場合、いうまでもなく「小さな、愛すべきもの」という意味。「繡」は「縫い取り」すなわち刺繡のこと。

　繡眼児の名は和語ではなく漢語で、唐時代の『常熟縣志』などに記されているという。上手な命名であると思う。現在、中国の鳥類学ではメジロ科は繡眼児科である。アジアでの総称英名はWhite-eye。

翼にある白斑は雄の目印となる

モズ

鵙、百舌、百舌鳥

英名：Bull-headed Shrike

学名：*Lanius bucephalus*

科属：モズ科モズ属

全長：20cm

時期：留鳥

モズの漢字表記は百舌、百舌鳥、鵙《げき》。「鵙」は日本ではイスカ（38頁）の意としても

いろいろな鳥の鳴き真似をするので、「百舌」。「も」は「百」、「す」は鳥を意味する接尾詞。

使われてきた。中国では昔も今も「伯勞」がモズ類を表す字である。「伯勞」は、どういう意味なのだろうか。私には分からない。

「百舌鳥」は、『日本書紀』仁徳天皇六十七年、冬十月の条に「河内《こふち》の石津原《いしつのはら》に幸《いでま》し、……是の日に、鹿《か》有《あ》りて、忽《たちまち》に野の中より起《おこ》りて、走りて役民《えたみ》の中に入りて仆《たふ》れ死ぬ。時に其の忽に死ぬることを異《あやし》びて、其の痍《きず》を探《もと》む。即ち百舌鳥《もず》、耳より出でて飛び去りぬ。因りて耳の中を視るに、悉《ことごとく》に昨《く》ひ割《か》き剥《は》げり……」と。

『万葉集』には2首詠まれている。巻十、1897には

モズの雌。翼には白斑はない

「春されば百舌鳥の草ぐき見えずとも……」とあり、原文では「百舌鳥」は「伯勞鳥」。巻十、３１６７「秋の野の尾花が末《うれ》に鳴く百舌鳥の……」の原表記は本により「百舌鳥」か「舌百鳥」である。『和名抄《わみょうしょう》』の鵙の項に「『兼名抄』に云う鵙、……『楊氏漢語抄』に云う伯勞、毛受。『日本紀私記』に云う百舌鳥」とあり、百舌鳥は「もず」といわれていたことが分かる。

　モズはさまざまな鳥の鳴き声を取り入れて、ぐぜり鳴きをする習性がある。『大言海』にあるように「モ」は「百鳥の鳴き声」。「ス」は鳥あるいはその接尾辞。

ヤツガシラ

戴勝

英名：Eurasian Hoopoe

学名：*Upupa epops*

科属：ヤツガシラ科ヤツガシラ属

全長：30cm

時期：旅鳥、夏鳥

頭の冠羽は2列になっている

ヤツガシラは頭部に多数の飾り羽がある。名前は「八頭飾鳥」の略。「八」は、多いことを示す言葉である。頭頂

ヤツはヤイロチョウの「八」と同じ。「戴勝」は女性が首飾りをつけることで、頭部の飾り羽からの連想。

ヤ

の飾り羽はあまり開かず、開いても、あっという間に閉じてしまう。

20枚ほどある飾り羽を開くと、額から後頭まで広がる見事な扇形になる。漢字名の戴勝は、キクイタダキ（和名は菊戴、中国名は戴菊、93頁）と同じように「勝を戴いている鳥」の意味。

「戴勝」の字義のひとつは「婦人が首飾りをつけること」。ヤツガシラの飾り羽は頭部にあるが、この言葉を借りた名前だろう。もちろん「戴勝」という名前は漢語である。

普通は旅鳥であるが、広島、山梨、長野、岩手で繁殖例や越冬例もある。

ヤブサメ

藪雨

英名：Asian Stubtail

学名：*Urosphena squameiceps*

科属：ウグイス科ヤブサメ属

全長：11cm

時期：夏鳥

本種の鳴き声は歳を取ると聞こえなくなる人もいる

ヤブサメは夏鳥として渡来し、九州から北海道の低山地の林で繁殖する。主に林内の草木の藪《やぶ》や下木層に棲息し、虫の音にたとえられる「シシシシシシ」という細い高音で囀る。

藪《やぶ》のなかで虫の音とも小雨の音とも聞こえる声で鳴くので「藪雨」。

ヤブサメの漢字表記は藪雨。雅語のような漢字の名前である。語源については、なぜか説がないので私の考えを記す。ヤブサメの囀りと棲息環境の特徴から、「藪のなかに居て、小雨（さめ）く鳥」を略して藪雨であろう。その囀りは、雨にたとえれば小雨である。小雨が降るような「シシシシシシ」という囀りと藪に棲息することから藪雨である。

古語「さめき」（動詞）は「さらさらと音がする」の意なので、これからも「さめき鳥」となるであろう。

藪鮫と書くこともあるが、その意味、語源は考えだせない。

ヤマガラ

山雀、山柄

英名：Varied Tit

学名：*Poeciles varius*

科属：シジュウカラ科コガラ属

全長：14cm

時期：留鳥

腹部のオレンジ色はよく目立つ

シジュウカラが街の鳥だとすると、ヤマガラは山にすむカラ類の兄弟分。兄弟分は「同胞《はらから》」。

ヤマガラの漢字表記は山雀。「雀」の字は種スズメ（160頁）に限らず、主として小鳥類を示す言葉。「カラ」はシジュウカラ科の一部の鳥の俗称、一般的には「カラ類」と呼ばれている。「カラ」の詳しい語源については、シジュウカラ（148頁）とコラム（88頁）に記した。私の考えを簡略に述べると、ヤマガラ（山雀）をはじめ、シジュウカラ（四十雀）、コガラ（小雀）、ヒガラ（日雀）などは、「山に棲む、はらから」。つまり同胞や兄弟のような関係の鳥たちで、「はらから」の「から」が語源であると思う。しかしシジュウカラとヤマガラの性格、棲息状態、棲息環境は簡単には記せないが、かなり異なる。シジュウカラは白いワイシャツに黒いネクタイ姿の都会派とすれば、ヤマガラは作業服姿の山ずまいといったところである。

ヤマセミ

山翡翠

英名：Crested Kingfisher

学名：*Megaceryle lugubris*

科属：カワセミ科ヤマセミ属

全長：38cm

時期：留鳥

全体が白黒模様で、冠羽がある

カワセミにくらべ、山地の渓流でよく見られるので「山翡翠」。

ヤマセミの漢字表記は山翡翠。「翡翠」は種カワセミ（92頁）の漢字名、また、カワセミ類の総称としての漢字名となっている。したがって、アカショウビン（21頁）は赤翡翠と書いている。ヤマセミは種カワセミと比較すると、山地の渓流や河川に棲息している傾向があるので山翡翠の名である。

掲載写真で分かるように、羽衣《うい》に白い斑があるから「鹿《か》の子《こ》しょうびん」という俗称がある。現在、中国の鳥類学での名称は、冠羽があることと魚食性であることから「冠魚狗」である。

カワセミの項でふれたように、カワセミ、ヤマセミの「セミ」はカワセミを指す古語「曾《そ》比《び》」の転訛と考えられている。では曾比の語源はと問えば、これは難解。納得できる説はない（92頁参照）。

ヤマドリ

山鳥

英名：Copper Pheasant

学名：*Syrmaticus soemmerringii*

科属：キジ科ヤマドリ属

全長：55cm（雌）、125cm（雄）

時期：留鳥

ヌルデの実を採食しにやってきた

野に棲むキジと違って山に棲むので「山鳥」。長い尾羽が特徴で、昔から歌にうたわれてきた。

ヤマドリは日本固有種の代表的な鳥。キジ（94頁）とは分布が異なり、本州、四国、九州のみに分布し、大小どの島にも分布していない。もし分布している島があれば、これは近年、人が放したものである。

棲息環境もキジとは異なる。キジは山のなかには棲まず、主に平地や山地の農業地、林内に開けた藪地のある疎林、河川敷、草地、荒地などに棲息している。

一方、ヤマドリは山地の林、山地内の沢や近くの河川敷、山林近辺の草地などに棲息する。それで山鳥という名前である。

ヤマドリの雄。尾羽の黒い帯は年数が経つほど数が多くなる

ヤマドリの雌。尾羽の先が白い

雄のドラミング（母衣打ち）

ヤマドリの雄の尾羽は、キジに比べて体全体の割合としても、実際の長さも長い。この特徴から、「長いこと」を形容する言葉として、古くから詩歌に用いられている。『万葉集』には5首あり、原文では「山鳥」が4首、ほかの1首では「夜麻杼里」と表記されている。そのうちの1首は「或本の歌に曰く」として収められている「あしひきの山鳥の尾の垂《しだ》り尾の長き永《なが》夜《よ》をひとりかも寝む」。これは柿本人麻呂の歌として『小倉百人一首』でよく知られている。ヤマドリは、奈良時代から山鳥として知られていたことが分かる。

ユリカモメの夏羽。黒く見える頭部は実際にはチョコレート色

ユリカモメ

百合鷗

英名：Black-headed Gull

学名：*Larus ridibundus*

科属：カモメ科カモメ属

全長：40cm

時期：冬鳥

「ユリ」は古語で「後ろ」。若狭の海は京都の後ろ。その海から現れるカモメなのでユリカモメではないか、といわれているが？

「ゆりかもめ」という名前は、江戸中期の『観文禽譜』が初出といわれている。その語源について定説はない。おそらく、百合鷗と書くのは江戸末期以後のことで、「ササユリやテッポウユリのように白い綺麗な鷗」、これが語源であろう。吉田金彦編著『語源辞典・動物篇』に試案が出されている。要約すると「ユリカモメのユリは、古語で〝後、うしろ〟の意。京都の後（うしろ、おく）の若狭から京都、鴨川（賀茂川）にやって来るカモメ」が語源だという。しかし、この説に私は納得できない。

　ズグロカモメ（*L. saundersi*、頭黒鷗、全長32㎝）はユリカモメより小さい。冬鳥として

ユリカモメの飛翔

ユリカモメの冬羽。嘴と足は赤い

ミツユビカモメ

ミツユビカモメの冬羽。嘴は黄色

ズグロカモメ

ズグロカモメの夏羽。頭部は真っ黒い

主に九州の干潟で越冬し、特に小型のカニ類をよく捕っている。数十年前は少ない鳥であったが、なぜか最近は渡来数が増加した。しかし多くはない。繁殖地に帰る前に、頭部がすっぽり黒くなった繁殖羽の個体も見られる。名前は繁殖羽の特徴から「頭黒鷗」。

　ミツユビカモメ（三趾鷗、*Rissa tridactyla*、全長41cm）は趾《し》（足の指）が前三趾だけで後趾《こうし》はないので、この名前である。高緯度地域の海岸の岩崖で集団営巣する。繁殖年齢になっていない個体は、夏期でも北海道知床半島の北側海域に多数棲息する。非繁殖期には大群になる。

ヨシガモの雄。尾羽のように見えるのは翼の一部

ヨシガモ

葦鴨

英名：Falcated Duck

学名：*Anas falcata*

科属：カモ科マガモ属

全長：48cm

時期：冬鳥

雄は姿が美しい。つまり「容姿のよい」カモなのでヨシガモ。

ヨシガモの漢字表記は葦鴨。日本では冬鳥。ただし北海道で少数が繁殖する。ヨシガモも数十年前に比べると、近年に渡来、越冬数が増えた鳥の1種。よく観察すると、ヨシガモの雄は体形も羽《う》衣《い》もたいへん美しい。葦鴨の語源については説もない。雄の美しさから、「余儀なき鴨（異議をはさむ余地のない鴨）」、「容姿よき鴨」が語源であるのに、命名者が漢字表記を捻《ひね》ったのでは、と私は思う。「カモ」の語源は232頁参照。

英名のfalcatedは「鎌形の」という意味。雄の三列風切が細い鎌の刃形であることによる。種小名も同じである。

オカヨシガモ（*A. strepera*、丘葦鴨、全長50㎝）の語源も不明で、説もない。

私説を記す。このカモは雌雄とも灰褐色、褐色の羽衣で、小斑が美しい。吉岡憲法は室町時代の剣法家、染色も行い「憲法染」を創案。「憲法茶」「憲法黒」に染めた地に小紋を染めたものが「憲法染」。江戸時代に流行。このカモの名は、「吉岡鴨」の倒語、「岡吉鴨」であろう。

ヨタカ

夜鷹

英名：Jungle Nightjar

学名：*Caprimulgus indicus*

科属：ヨタカ科ヨタカ属

全長：29cm

時期：夏鳥

全体が虫喰い斑のような模様

夜行性で、翼がタカのように細長いので「夜鷹」だが、タカではない。

名前はヨタカだが、タカ類のような猛禽類ではない。夏鳥として渡来し、九州以北の平地から低山地で繁殖する。漢字表記は夜鷹。夜行性なので「夜」がついている。夜間に林外を飛びまわって、空中でさまざまな昆虫類を補食する。翼の先端部は細長い形をしていて、飛ぶ姿がタカ類に似ている。つまりヨタカの「タカ」はこの体形による。『和名抄《わみょうしょう》』には「『爾雅注』に云う恠鵄。『漢語抄』に云う與多加。昼間は伏せていて、夜に行動して鳴く恠しい鳥」とある（恠《くわい》は怪の俗字。鵄《し》はフクロウのこと）から、平安時代から「よたか」の名で知られていたことが分かる。

その鳴き声は「キョキョ……」と同じ調子で続ける独特のもの。この声から別名「鱠《なます》たたき、鱠きざみ」という。

ライチョウ

雷鳥

英名：Rock Ptarmigan

学名：*Lagopus muta*

科属：キジ科ライチョウ属

全長：36cm

時期：留鳥

ライチョウの夏羽雄。初夏から夏には腹部以外が黒っぽくなる

高山にすむ純白の鳥は
霊が宿っているようだから「霊鳥」で、
雷を鎮める力を持つと考えたことから「雷鳥」。

ライチョウの現在の分布域は、ユーラシアと北米大陸の高緯度地帯、グリーンランド、アイスランドなどと日本。日本は最も南の分布地。

日本では氷河期の遺存種として主に日本アルプスの標高2700m以上のハイマツ帯に棲息している。

繁殖羽（夏羽）は全体的に褐色の羽《う》衣《い》。それが非繁殖羽（冬羽）では純白の羽衣に換わる。繁殖羽も非繁殖羽も、たとえば上空から襲ってくるイヌワシに対して身を隠す隠蔽色、保護色である。

高山にすむ純白のこの鳥は、昔から霊的な鳥とされてきた。「霊鳥」とは神々しく聖なる

ラ

ライチョウの夏羽雌（左）と雛（右）

完全な冬羽では尾羽以外が白い

ラ

鳥のことである。つまり精霊（せいれい、しょうらい）の鳥。この「らい」が「雷」に変わり「雷鳥」となった。これが語源の定説である。

高山での雷、雷鳴《らいめい》は特に恐ろしいものである。これを鎮める霊力をもっている鳥ともされていたのであろう。

属名*Lagopus*は、ギリシャ語のlagopous（狩猟鳥、ライチョウ）による。この語はlagos（ノウサギ）とpous（足）からなる。つまり「ノウサギのように足に羽毛の生えている鳥」という意味で、ライチョウの足の特徴による名前。

主な参考文献

『古事記』712。倉橋憲司校注、日本古典文学大系、岩波書店。

『日本書紀』720。坂本太郎・家永三郎・井上光貞・大野　晋校注、日本古典文学大系、岩波書店。

『萬葉集』771以後、780頃成る。高橋市之助·五味智英·大野 晋 注、日本古典文学大系、岩波書店。

『風土記』奈良時代末期。秋本吉郎校注、日本古典文学大系、岩波書店。

『萬葉集注釈』澤瀉久孝、1957-77。中央公論社。

『新訂新訓万葉集』上・下巻、1991。佐々木信綱編、岩波書店。

『古語拾遺』斎部広成撰、807。西宮一民校注、岩波文庫。

『和名抄』(倭名類聚鈔)源　順、931-938。風間書房。

『伊勢物語』平安時代。福井貞助校注、完訳・日本の古典、小学館。

『平家物語、上』鎌倉時代。高木市之助・小澤正夫・渥美かをる・金田一春彦校注、日本古典文学大系、岩波書店。

『源平盛衰記、上』鎌倉時代。校注日本文学大系、国民図書(株)。

『夫木和歌集』藤原長清撰、鎌倉時代。『新篇・国歌大観』、第二巻、岩波書店。

『謡曲』南北朝時代。横道萬里雄校注、日本古典文学大系、岩波書店。

『本朝食鑑』2、3、人見必大、1697。島田勇男訳注、東洋文庫、平凡社。

『邦訳・日葡辞書』日本イエズス会、1603。土井忠夫・森田　武・長南　実篇訳、岩波書店。

『東雅』新井白石、1717。

『古事記伝』1798成る。本居宣長。

『飼籠鳥』佐藤成裕、1806。

『箋注和名抄』(箋注倭名類聚鈔)狩谷棭斎、1827。

『新篇・大言海』大槻文彦、1956。冨山房。

『角川・漢和中辞典』貝塚茂樹。藤野岩友・小野　忍、1959。角川書店。

『大漢和辞典』大槻轍次、縮写版、1960。大修館書店。

『時代別国語大辞典・上代篇』1967。三省堂。

『日本国語大辞典』1972-76。小学館。

『漢字の話、上』藤堂明保、1980。朝日新聞社。

『岩波・古語辞典、補訂版』大野　晋・佐竹昭広・前田金五郎、1990。岩波書店。

『鳥類原色大図鑑』全3巻、1933-34。黒田長禮、東京修教社書院。

『江戸鳥類大図鑑』堀田正敦。鈴木道男篇著、2006。平凡社。

『語源辞典・動物篇』吉田金彦編著、2001。東京堂出版。

『図説・鳥名の由来辞典』菅原　浩・柿沢亮三、普及版、2005。柏書房。

『色の手帳』尚学図書・言語研究所、1986。小学館。

『日本の色辞典』吉岡幸雄、2000。紫紅社。

『野鳥雑記』柳田国男、1940。『定本柳田国男集』1970。筑摩書房。

「野鳥の名」中西悟堂、1940。『定本野鳥雑記』、春秋社。

『アビ鳥と人の文化誌』百瀬敦子、1997。信山社出版。

「斑鳩」會津八一、1942。『會津八一全集』、中央公論社。

『中国鳥類分布名録』第二版、鄭作新、1976。科学出版社。

『中国野鳥図鑑』許維樞等撰、1996。翠鳥文化出版。

『リンネ自然の体系』第1巻・動物界、鳥類編、1758。島崎三郎訳、1982。山階鳥類研究所。

Ogawa, M, 1908. A HAND-LIST OF THE BIRDS OF JAPAN. The Annotationes Zoologicae Japoneneses, Vol. VI　小川三紀編『日本鳥類リスト』

Mackleod, D. A. 1954. KEY TO THE NAMES OF BRITISH BIRDS. SIR I. PITMAN & SONS, LTD.

Lockwood, W. B. 1984. The Oxford Book of British Bird Names. OXFORD UNIV. PRESS.

Jobling, J. A. 1991. A DICTIONARY OF SCIENTIFIC BIRD NAMES. OXFORD UNIV. PRESS.

Simpson, D. P. 1968. CASSELL'S NEW LATIN-ENGLISH ENGLISH -LATIN DICTIONARY, Fifth Edition. CASSELL.

SHOGAKUKAN RANDOM HOUSE ENGLISH -JAPANESE DICTIONARY, 1973. SHOGAKUKAN.

The Oxford English Dictionary. Second edition, 1989. Calrendon Press Oxford.

さくいん

【ア】

【カ】

【サ】

安部直哉（あべ・なおや）

1938年東京都生まれ。東京水産大学卒業。水産技師として神奈川県に7年間勤務。その後、主に鳥類を研究。著書に『野鳥』（家の光協会）、訳著書に『グールドの鳥類図譜』（講談社）、訳書にI.ワイリィ『カッコウの生態』（どうぶつ社）、N.ティンバーゲン『生きるための信号』（思索社）、共著に山渓ハンディ図鑑7『新版 日本の野鳥』（山と溪谷社）など、多数。

叶内拓哉（かのうち・たくや）

1946年東京都生まれ。子供のころから動植物に興味を持つ。東京農業大学農学部卒業。卒業後9年間造園業に従事し、その後フリーの野鳥写真家となる。著書に『くらべてわかる野鳥 文庫版』（山と溪谷社）、共著書に山渓ハンディ図鑑7『新版 日本の野鳥』（山と溪谷社）、『原寸大写真図鑑 羽 増補改訂版』（文一総合出版）など、他多数。

ブックデザイン＝松澤政昭
編集＝［単行本］江種雅行（山と溪谷社）／山田智子／内田幸恵
　　　［文庫］舘野太一（山と溪谷社）
編集協力＝岡 綾乃／白須賀 奈菜

野鳥の名前　名前の由来と語源

二〇一九年三月一日　初版第一刷発行
二〇二二年五月十日　初版第二刷発行

著　者　安部直哉／叶内拓哉
発行人　川崎深雪
発行所　株式会社　山と溪谷社
郵便番号　一〇一−〇〇五一
東京都千代田区神田神保町一丁目一〇五番地
https://www.yamakei.co.jp/

■乱丁・落丁、及び内容に関するお問合せ先
山と溪谷社自動応答サービス　電話〇三−六七四四−一九〇〇
受付時間／十一時〜十六時（土日、祝日を除く）
メールもご利用ください。
【乱丁・落丁】service@yamakei.co.jp　【内容】info@yamakei.co.jp
■書店・取次様からのご注文先
山と溪谷社受注センター　電話〇四八−四五八−三四五五
ファックス〇四八−四二一−〇五一三
■書店・取次様からのご注文以外のお問合せ先　eigyo@yamakei.co.jp

本文フォーマットデザイン　岡本一宣デザイン事務所
印刷・製本　図書印刷株式会社

定価はカバーに表示してあります

Printed in Japan ISBN978-4-635-04863-7